히자버 히자비스타

히자버 히자비스타

초판 1쇄 2021년 11월 30일
2쇄 2022년 10월 13일

지은이 박혜원
발행인 김재홍
총괄/기획 전재진
마케팅 이연실
디자인 현유주

발행처 도서출판지식공감
등록번호 제2019-000164호
주소 서울특별시 영등포구 경인로82길 3-4 센터플러스 1117호(문래동1가)
전화 02-3141-2700
팩스 02-322-3089
홈페이지 www.bookdaum.com
이메일 bookon@daum.net

가격 17,000원
ISBN 979-11-5622-639-0 93590

★ 동 남 아 시 아   모 디 스 트   패 션 ★

히 자 버
히 자 비
스 ★ 타

박혜원

HIJABER
HIJABISTA

지식공감

일러두기

본서에서 ★ 표시가 된 이미지들은
저자가 현지에서 직접 촬영한 사진입니다.

편견을 넘어 세계로…

Prologue

패션은 살아있는 사람들에게 입혀지기에 그 사람들이 생활하는 사회의 변화를 읽어내는 기호가 된다.

사회현상으로서의 패션은 크게 두 가지의 의미를 지닌다.

소비자 개인의 욕구를 담는다는 개별적 의미와, 그 사회의 상징적 시스템을 담아내는 사회적 의미이다.

히잡을 착용한 사람을 보면 무엇이 떠오르는가?

테러리스트…, 억압…, 폐쇄…, 복종….

21세기 글로벌 패션 세계에는 이전과 다른 하나의 변화가 나타나고 있다.

이슬람교를 믿는 '무슬림 여성들의 의복'이 '모디스트(modest) 패션'으로 나타나 기존의 글로벌 패션 시스템으로 진입한 것이다.

이러한 현상의 배경에는 젊은 무슬림 여성들이 있다.

대도시에 거주하며 고등교육을 받고 활발한 사회활동을 하며 온 · 오프라인에서 자기표현에 적극적인 여성들이다.

그동안 우리나라에서 진행된 이슬람 여성의 의복연구는 민속복, 종교복의 영역에서 주로 다루어 졌다. 그리고 대부분의 연구에 활용된 자료들은 주로 유럽과 미국 등 서구 학자들에 의한 여성학적, 사회학적 연구결과를 토대로 하였다.

이제 사회현상으로서의 패션이 가지는 두 가지 의미, 즉 개인의 욕구와 사회의 상징적 의미에서 새롭게 변화하는 무슬림 여성 패션을 보아야 할 것이다.

인도네시아와 말레이시아에는 히잡을 패션으로 착용하는 도시의 모던걸 히자버(hijaber)와 SNS를 통해 패션 인플루언서이자 패션 셀럽으로서 활동하는 히자비스타(hijabista)들의 영향력이 매우 크다.

편견을 넘어 우리의 시각에서 새로운 히잡 해석에 대한 접근이 필요한 시점이다.

이 책은 총 네 개의 장으로 구성하였다.

제1장은 글로벌 경제에서 패션 소비를 리드하는 인도네시아와 말레이시아의 경제성장과 패션산업에 대한 부분이다.

제2장은 글로벌 패션 시장에 등장하는 모디스트 패션을 설명하고 히자버와 히자비스타 패션의 등장과 배경에 대해 기술하였다. 그리고 인도네시아와 말레이시아 무슬림 여성 소비자들의 패션 소비와 디자인 선호에 대한 조사내용을 담았다.

제3장은 SNS에서 활발히 활동하는 인도네시아와 말레이시아의 대표적 히자비스타들의 패션을 인스타 그램을 중심으로 살펴보았다.

마지막 제4장에서는 인도네시아 패션 도시이자 대학도시인 반둥시(Bandung City)의 젊은 히자버들의 스트리트 패션을 현지에서 직접 촬영하여 패션 특징을 설명하였다.

21세기에 들어와 팝 이슬람(Pop Islam) 문화의 배경 속에서 등장하는 동남아시아 무슬림 여성들의 의식과 생활양식의 변화는 스스로 선택한 히잡과 히잡을 패션화하는 외양의 변화로 나타나고 있다. 이슬람 여성과 히잡 패션을 하나의 단편적인 유행 현상으로 이해하기보다 한 시대, 한 사회의 대표되는 문화적 기표 (sign)로서 그 의미를 이해해 주기 바란다. 그리고 그 주인공인 젊은 여성들의 사고를 읽어주기 바란다.

패션은 단편적인 것이 아니며 사회, 역사, 문화, 경제, 정치를 담은 것이지만, 때로는 매우 개인적인 것이기 때문에 다양한 의견이 존재할 수 있다. 그러나 히자버, 히자비스타 패션은 히잡을 쓴 여성들이 자신을 사회에 표현하는 중요한 하나의 방식이라는 점은 분명해 보인다.

근대 이후 패션의 역사에는 격변의 전환기를 온몸으로 표현하고 자신들의 생각과 주장을 드러내는 데 주저하지 않았던 젊은 여성들이 항상 있었다. 젊은 여성들의 패션을 통한 자기표현의 흔적은 사회문화와 시대정신을 말해주는 일종의 기록이다.

다소 낯설기도 한 동남아시아의 히자버와 히자비스타들의 패션을 통해 역동적인 그들의 새로운 변화와 문화를 느끼기 바란다.

주변의 좋은 분들의 도움으로 현지의 생생함을 담을 수 있었다.

인도네시아 반둥공과대학(ITB)의 밝고 적극적인 무슬림 여학생이자 현지 코디네이터를 해준 닌다(Danindra Audy)와 친구들. 닌다를 소개해주시고 반둥의 길잡이를 해주신 창원대 정보통신과 황민태 교수님, 코로나 팬데믹으로 현지취재에 어려움을 겪는 상황에서 반둥시의 패션 스트리트 사진을 촬영하느라 수고한 나의 감각 있는 제자 샤피라(Shaffira Dewi), 인터뷰에 임해주신 이슬람 패션 인스티튜트(Islam Fashion Institute) 설립자인 패션 디자이너 누닉 마와디(Ms. Nuniek Mawardi) 선생님, 자카르타에서 한국어 통역을 맡아준 지적인 전문 통역사 마우디(Maudi), 말레이시아 무슬림 여성들의 패션 변화와 현지 설문을 도와준 쿠알라룸푸르의 패션전문가 라시드(Mr. Rasyid Hamid), 그리고 인도네시아어 번역을 도와준 창원대학교 정보통신과 박사과정 리타(Rita Rilayanti) 선생님, 반둥의 일반적 상황과 패션산업을 이야기해주신 전(前) 반둥한인회장 최이섭 사장님, 족자카르타에서 교육과 연구를 하시며 인도네시아 상황을 조언해주신 서강대 화학과

이원구 교수님, 그리고 3년간 본 연구를 함께 수행한 제자 장선우 박사와 이론적 연구에 동참해 준 제자 이현영 박사, 스트리트 패션 분석을 함께한 제자 양정희 박사, 그리고 소비자 분석을 함께 해주신 경남대 박영희 교수님께 감사의 마음을 전한다.

이 책에는 한국연구재단의 지원으로 학술지에 발표된 내용이 일부 포함되어 있음을 밝힌다. 연구의 기회를 준 국립창원대학교와 한국연구재단 그리고 좋은 책이 되도록 처음부터 끝까지 세밀하게 소통 해주신 도서출판 지식공감의 김재홍 대표님과 기획 총괄을 해주신 전재진 박사님, 책의 디자인을 맡아주신 현유주님께 깊이 감사드린다.

2021. 12
사림동 연구실에서

Contents

Prologue · 6

제1장 인도네시아와 말레이시아의 경제성장과 팝 이슬람 문화

1. 인구 대국 인도네시아의 경제성장과 패션　　　　17
2. 아시아 금융 허브 말레이시아의 경제성장과 패션　　25
3. 이슬람 부흥 운동과 팝 이슬람 문화　　　　33

제2장 모디스트 패션과 히자버

1. 모디스트 패션과 글로벌 패션　　　　50
2. 히잡의 패션화와 패션 소비　　　　59
3. 모던걸 히자버의 출현과 활동　　　　87

제3장 패션 인플루언서 히자비스타

1. SNS와 히자비스타, 일과 라이프 스타일, 그리고 패션　100
2. 인도네시아 히자비스타　119
　　: 디안 뻘랑이, 자스키아 숭까르, 자스키아 아디아 메카
3. 말레이시아 히자비스타　129
　　: 노르 닐놀파 모함마드 노르, 비비 유소프, 유나 자레이

제4장 인도네시아 반둥의 스트리트 패션

1. 스트리트 히잡 패션의 스타일과 이미지　145
2. 스트리트 히잡 패션의 색채와 스타일링　156

Epilogue · 188
참고문헌 · 194

제1장

인도네시아와 말레이시아의
경제성장과 팝 이슬람 문화

HIJABER
HIJABISTA

인구 대국 인도네시아의 경제성장과 패션

인도네시아는 2억 5천만 명의 인구수를 자랑하는 세계 4위의 인구 대국이다. 그리고 무슬림 인구가 전체 인도네시아 인구의 87%를 차지하는 이슬람 국가이다. 인구, 종교, 지리, 문화적으로 아세안 최고의 국가로 부상하고 있다.

이슬람 패션의 메카로 급성장한 인도네시아는 오랜 전통이 식민지 시대를 통해 유입된 서구 문화와 동반되어 조화를 이루는 독특한 문화를 가지고 있다. 인도네시아는 아시아는 물론 전 세계 이슬람 국가 중에서도 가장 문호가 열려있다.

KOTRA의 해외시장 보고서에 따르면 인도네시아는 2000년대 이후 급격한 경제성장으로 중산층이 늘어났고, 전체 인구 중 약 1억 명 이상이 중산층에 속하는 것으로 알려져 있다. 경제성장과 생활양식의 급속한 변화는 생활소비재 시장의 변화로 이어져 현대화, 고급화의 경향이 두드러지며, 단순히 가격을 중요시하던 소비시장이 구매력을 보유한 중산층을 중심으로 브랜드, 품질 등을 중시하는 시장으로 변모하였다. 그리고 20~30대의 젊은 인구비율이 높아 미용 및 패션의류 소비에 관심이 높다(KOTRA, 2019).

인도네시아는 인터넷의 발달로 전자상거래를 활용한 소비자 구매력이 강해졌으며 모바일 사용자가 꾸준히 늘고 있다. 2020년 7월까지의 인도네시아 인스타그램 이용자 수는 7천380만 명이다. 이는 전체 인구의 약 27.1%, 인터넷 접속이 가능한 전체 인구의 42.1%에 달하는 수치이다. 또 전 세계 인스타그램 이용자 수가 미국, 인도, 브라질에 이어 인도네시아가 4번째로 많은 국가로 선정되기도 했다. 현재 인스타그램 이용자 중 여성의 비율이 51%로 남성에 비해 다소 높으며 연령대는 18~24세가 가장 많고, 다음으로 25~34세가 많다(Lee, 2020). 이와 같은 소셜미디어 이용자의 증가는 2000년대 이후로 계속 늘어나고 있으며 인플루언서들이 대중에게 미치는 영향력은 매우 커지고 있다(Hassn & Harun, 2016).

유로모니터 자료에 따르면 인도네시아 중상위층 비율은 2015년 전체 근로자의 20.7%에서 2020년 22.4%로 증가했고 2025년에는 22.9%인 5000만 명 수준으로 전망한다. 게다가 경제활동에 있어서는 29세 미만의 젊은 인구가 과반수를 차지하고 있다(박승석, 2020). 인도네시아 모바일 설문 조사기관인 잭팟(jakpat)이 2017년 조사한 결과에 따르면(Korea Fashion Industry Association, 2017b) 4천 800명 이상의 인도네시아 소비자를 대상으로 온라인 설문조사를 실시한 결과 온라인으로 가장 많이 구매하는 것은 '패션상품'이고, 응답자의 44%가 "매우 빈번히 패션상품을 온라인으로 구매한다."라고 응답하였다.

인도네시아의 패션산업은 정부 및 인도네시아의 대표적인 패션 전문 미디어 그룹 페미나(femina group)가 중요한 역할을 한다. 페미나 그룹이 주최하는 〈자카르타 패션위크(Jakarta Fashion Week)〉는 인도네시아에서 2008년부터 매년 개최하는 동남아시아 최대 규모의 국제 패션쇼이다. 그리고 인도네시아의 패션산업을 위해 출범한 정부 기관 연합체 '인도네시아 이슬람 패션 컨소시엄(Indonesia Islamic Fashion Consortium)'은 인도네시아 정부가 이슬람 패션의 메카로 발전할 수 있도록 전략적으로 지원하고 있다.

인도네시아 패션 위크Indonesia Fashion Week

　오랫동안 글로벌 섬유봉제산업 생산기지의 역할을 해 왔던 인도네시아는 최근 국민소득이 향상되고 글로벌 시장개방이 가속화되면서 '스타일'과 '패션'에 대한 관심이 증가했고 아시아 패션소비의 중심지로 부상했다. 특히 인도네시아 정부가 자국 창조경제 성장의 핵심동력으로 패션을 채택하고 우리나라의 패션산업 발전경험을 롤모델로 설정하면서 패션은 한국과 인도네시아의 교류협력과 동반성장을 추구하기 위한 핵심 키워드로 자리매김하였다(한국국제교류문화교류진흥원, 2017).

　또한 2016년 자카르타에서 개최된 무슬림 패션 페스티벌

(Muslim Fashion Festival)은 6개국이 참가하는 행사로 인도네시아 패션 디자이너들에게 이슬람 패션의 세계적인 인기와 더불어 해외시장으로 진입할 수 있도록 기회를 제공하였다.

인도네시아가 아세안을 중심으로 글로벌 경기 침체에도 불구하고 비약적인 경제 성장과 차세대 내수시장으로 세계의 주목(Choi, 2012)을 받는 이유 중 하나는 정부 주도의 강한 경제 개방의 의지이다.

조코 위도도(Joko Widodo) 대통령이 재선에 성공하며 조코위 2기 정부를 출범한 인도네시아는 경제정책을 지속 강화할 것으로 예상되고 있다. 특히 글로벌 경제의 불확실성 속에서 경제성장과 일자리 창출을 정부 주도로 견인하며 과감한 규제 완화 정책을 수행하고 있다. 비무슬림과 무슬림, 온건파와 보수파를 통합하고 급진주의 확산을 강하게 억제하고 있어서 글로벌 시장의 움직임과 발맞추고 있다고 보인다(Choi & Kim, 2019).

패션과 관련하여 인도네시아의 경제성장 및 도시 집중화 현상은 패션 소비환경에서도 영향을 주어 상류층 소비자들은 고급 브랜드를 요구하고, 소비 고급화가 나타나고 있다.

2013년 무슬림은 의류에 2,660억 달러를 지출했으며 이는 일본, 이탈리아의 패션 매출을 웃도는 규모이다(Kelmachter, 2016). 미국 경제 전문지 《포천(Fortune)》은 지금껏 무슬림을 대상으로 한 비즈니스가 금융과 할랄 식품에 집중돼 있지만 무슬림 시장에서 무궁무진한 가능성을 가진 것은 바로 패션이라고 밝힌 바 있다(Petrilla, 2015).

세계 무슬림 경제 보고서 2019/20(UAE 여성의류 트렌드, KOTRA 해외시장뉴스, 2020. 10. 5) 해외시장뉴스에 따르면 2018년 기준 전 세계 무슬림의 의류 및 신발 소비액은 2,830억 달러이며 연평균 6% 증가해 2024년에는 4,020억 달러에 달할 것으로 전망된다.

세계적인 팬데믹 상황 속에서도 2019년 5월 1일부터 5월 4일까지 자카르타 컨벤션 센터(Jakarta Convention Center, JCC)에서 〈무슬림 패션 페스티벌 인도네시아(Muslim Fashion Festival Indonesia, MUFFEST)〉가 개최되었다. 인도네시아 무슬림 패션 페스티벌은 인도네시아 패션협회(Indonesia Fashion Chamber, IFC) 주최로 개최되어 약 52,000여 명의 참관객들이 방문하고 약 403억 루피아(약 33.2억 원) 상당의 매출을 달성하였다(한국 콘텐츠진흥원, 위클리 글로벌 자료 2019. 5. 20). 이처럼 현재 인도네시아는 아랍에미리트 다음으로 세계에서 큰 규모의 무슬림 패션 시장으로 손꼽힌다.

인도네시아는 무슬림 인구가 동남아 지역에서 가장 많으며 최근 가장 잠재력 있는 국가로 성장하고 있다. 무슬림들의 의류 소비가 증가함에 따라 Dolce & Gabbana, Versace 등 럭셔리 브랜드에서부터 H & M, Massimo Dutti, Uniqulo 등 중저가 브랜드까지 세계 패션업계에서 모디스트 패션 라인을 제안하고 있다.

글로벌 패션 현상 중 하나로 등장하는 무슬림 패션을 모디스트 패션이라 하는데 이러한 모디스트패션(modest fashion) 부문 시장 규모와 국가별 순위에 보면

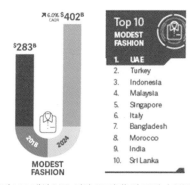

모디스트 패션 부문 시장 규모(좌) 및 국별 순위(우)

인도네시아는 중동의 아랍에미리트, 터키에 이어 3위이고 말레이시아와 싱가포르가 4위와 5위의 순으로 나타나 동남아시아 국가들의 모디스트 패션 시장 규모가 매우 큼을 알 수 있다.

★ 인구 대국 인도네시아 수도 자카르타의 주말에 모인 인파

★ 자카르타 시내의 쇼핑몰

2

아시아 금융 허브
말레이시아의 경제성장과 패션

말레이시아는 동남아시아 금융의 메카로 금융업의 명성과 아시아, 유럽, 중동이 어우러진 글로벌 문화의 다양성을 가진 나라이다. 말레이시아는 다양한 인종이 융합되어 이루어진 국가로 서울대학교 아시아연구소의 자료에 따르면 2016년 말레이시아 종족 구성은 말레이계(Bumpiputera)가 69%, 중국계는 23%, 인도계 7%, 기타 1%로 구성되어 있다(Jung, 2017).

말레이시아는 종교의 자유가 보장되는 나라로 중국계는 불교, 도교 기독교 등을 주로 믿고 있으며, 인도계는 대부분 힌두교를 믿는다(KF, 2019). 그러나 헌법에서 이슬람을 국교로 규정하고 있어 다수의 인구(말레이계)가 이슬람을 종교로 가지고 있는 무슬림이 지배적인 국가이다. 무슬림 소비시장과 서구 소비문화와의 접점을 이루는 개방적이고 현대적인 나라이다.

KOTRA 말레이시아 경제 및 시장현황 보고서에 따르면 현재 인구의 약 75%가 도시에 거주한다(KOTRA, 2012). 급속한 도시 집중화가 진행되고 있으며 경제성장과 도시화는 인구의 확대, 고소득, 중산층의 확대로 소비에 있어 양적·질적 변화가 나타난다. 특히 패션과 뷰티에 관심을 증대시키며 명품 및 패스트 패션 기업들의 경쟁이 치열하며, 많은 기업들이 지속적으로 말레이시아에 진출하고 있다. 정부의 활발한 지원정책을 기반으로 전자상거래 시장도 꾸준히 커지고 있어 앞으로의 말레이시아 패션 시장의 성장을 긍정적으로 예측한다.

1970년대 초반 말레이시아 인구의 다수를 차지하는 말레이계의 경제적 수준은 매우 낮아 상대적으로 우위에 있는 중국계에게 경제생활을 의존하는 상황이었다. 이에 말레이시아 정부는 신경제정책(New Economic Policy)을 발표하여 말레이계의 경제적, 교육적 수준을 높이고자 하였다(Kim, 2012).

이는 말레이시아의 빠른 경제성장의 원동력으로 평가되고 있는 정책(Choi, 2008)으로 노동인구의 도시로의 이동, 소득 수준의 향상, 교육 기회의 확대 등 사회 전반의 변화를 가져왔고 중간 계층의 성장으로 말레이 중산층이라는 새로운 계층을 탄생시켰다(Kim, 2012). 지금도 중국계의 경제적 영향력이 크긴 하지만, 말레이계의 경제력 향상은 말레이시아 패션 시장에서 무슬림 소비자의 영향력이 커졌음을 의미한다고 볼 수 있다.

현재 세계 각국의 이슬람 자본이 말레이시아 이슬람으로 유입되고 있다는 점은 의미 있게 보아야 한다. 이는 말레이시아가 무슬림 국가들 중 유일하게 이자를 합법화하고 있기 때문이다(KOREA FASHION INDUSTRY ASSOCIATION(KFIA), 2015). 이러한 까닭에 말레이시아는 이슬람 금융의 메카로 불리며 국가 경쟁력이 인근 동남아시아 국가들에 비해 높은 수준을 유지하고 있다.

경제성장과 금융업의 발달로 동남아시아에서 앞선 경쟁력을 가진 말레이시아는 외국 문화의 자국 내 유입에 대해 개방적인 성향을 지니고 있어 문화적 측면에서도 유럽과 아시아, 중동이 어우러진 다양한 문화가 공존한다.

특히 한국문화는 서구 문화에 비해 같은 아시아권 문화로 인식되어 별다른 위화감 없이 받아들이는 경향을 보인다. 또 한류의 영향으로 K-culture를 통한 한국 배우와 가수들의 메이크업과 패션 같은 외적 요인들은 말레이시아 현지인들에게 큰 관심을 받고 있는 것으로 확인되고 있다(KFIA, 2019).

현재 말레이시아는 젊은층의 인구가 매우 많다. 그리고 대학교육을 받은 사회 진출 직업여성의 비율이 증가하고 있다. 이들은 비교적 높은 임금을 받고 있어 말레이시아 소매협회(MRCA; Malaysia Retail Chain Association)에 의하면 "여성들이 경제적으로 독립함에 따라 구매력도 증가하고 있다(KOTRA, 2021)"고 한다.

급속한 경제성장 및 도시 집중화로 패션 소비환경에서도 고급브랜드, 소비 고급화가 나타나고 있다(Lee & Park, 2020). 이러한 경제적 배경 속에서 교육수준이 높고 사회적으로 활발하게 활동을 하는 젊은 여성들을 중심으로 히잡의 착용은 일종의 '이슬람 부흥'을 나타내는 자부심의 표현으로 나타난다(Galadari, 2012).

잠재적 소비자로서 구매력을 가지고 있는 말레이시아 청소년들은 최근 의복, 화장품 등의 구매가 증가하고 있고 이들에게 입고 치장하는 패션스타일의 결정은 자신의 사회구조적 요인(social structure factors)과 관련되어 있다(Kamaruddin & Mokhilis, 2003). 말레이시아에서 히잡의 착용이 의무는 아니지만, 히잡을 착용함으로써 최고의 교육을 받을 권리와 원하는 직업을 선택할 권리를 가질 수 있다고 보았다(Hassan, Zaman, & Santona, 2016).

최근 말레이시아의 히잡 패션 소비자들과 히자비스타(hijabista)들 사이에 영향을 주는 요인은 이슬람 율법(샤리아, Sharia)의 드레스 코드에 부합되면서도 모던하고 세련된 무슬림 패션 트렌드이다. Hassan & Harum(2016)의 지적처럼 패션은 말레이시아 여성 스스로 사회적으로 자신을 변화시키는 방법이라고 볼 수 있다. 말레이시아는 아시아의 뉴욕이라고 불릴 만큼 다양한 인종이 모여 살고 있는 조화롭고 생동감 있는 국가이다.

서로 다른 전통과 문화를 가진 말레이시아 사람들이 모두 좋아하는 것 중의 하나는 쇼핑몰이다(Korea Fashion Industry Association, 2017a). 쇼핑몰을 중심으로 생활하는 라이프 스타일을 소위 '몰링(malling)'이라고 하는데, '몰링'은 '몰(mall)'에 '-ing'를 붙인 단어로, 복합쇼핑몰에서 쇼핑뿐만 아니라 여가도 즐기는 소비 형태이다. 말레이시아의 복합상업시설에 나타난 대형화 및 다양화 추세는 동남아시아의 습하고 더운 날씨의 영향이며, 이로 인해 '몰'이라고 하는 공간에서 쇼핑과 식사, 영화, 미술관 등과 같은 여가와 문화생활까지 가능한 쇼핑몰 문화가 발달되었다.

말레이시아 대외무역개발공사는 패션산업을 말레이시아의 수출 주력 분야로 성장시키려는 계획을 추진한다. 자국의 산업은 미약하지만 강도 높은 아시아 각국의 디자이너를 결집시켜 수도인 쿠알라룸푸르를 아시아 패션 허브로 만들기 위해 2014년부터 말레이시아 패션 위크를 매년 개최하고 있다(Kelmachter, 2016). 또한 이슬람 패션 시장의 확대와 더불어 이슬람 패션을 세계에 알리고자 창설된 이슬람 패션 페스티벌(Islamic Fashion Festival(IFF))은 말레이시아의 정부를 중심으로 세계의 이슬람 패션을 선도해 나가고자 하는 기관이자 축제이다(Korea Fashion Industry Association, 2015). 이렇듯 아시아 금융 중심지 말레이시아는 급속한 경제성장, 젊은 인구의 확산, 중산층의 증가, 패션산업에 대한 국가적 지원 등으로 성장해가고 있다.

말레이시아 패션의 변화는 경제적 성장과 사회적 요인, 그리고 매스미디어의 영향이라 하겠다. 말레이시아에서 무슬림 패션이 발전하게 된 것은 말레이시아만의 독특한 문화적 개방성과 탄탄한 자본이 뒷받침되고 있기 때문이며 말레이시아를 중심으로 개최되는 이슬람 패션 페스티벌(Islam Fashion Festival)은 세계 이슬람 패션의 선도 기관으로 이슬람 패션을 세계에 알리는 역할을 하고 있다(KFIA, 2015). 앞으로도 말레이시아의 이슬람 패션은 계속 발전해 나갈 것으로 생각되며, 다양한 문화를 융합한 새로운 패션의 탄생도 예견된다. 이렇듯 말레이시아의 경제와 패션산업의 성장 가능성은 해외 패션 시장 다변화가 필요한 우리나라의 해외시장 확장을 위해 간과할 수 없는 부분이라 하겠다.

★ 쿠알라룸푸르 누 센트럴 쇼핑몰

★ 쿠알라룸푸르 시내 쇼핑 지역의 젊은 무슬림 여성

이슬람 부흥 운동과
팝 이슬람 문화

이슬람 부흥 운동(Islamic Revivalism)

이슬람은 동남아시아 최대의 종교이다. 동남아시아에 이슬람이 전파된 시기는 13세기 말경으로 오래전부터 동남아와 무역을 해오던 무슬림 상인들의 역할이 중요하였다.

제일 먼저 13세기 말에 인도네시아의 수마트라섬 북부 연안에 이슬람 왕국이 성립되었고, 15세기에는 자바섬으로 진출하여 발리를 제외한 거의 모든 섬이 이슬람화되었다(Shin, 2012). 동남아시아의 이슬람은 동남아 천혜의 자연조건으로 '인간은 자연의 일부'라는 사고를 바탕으로 내면으로부터 신실한 신앙생활로 자연주의 사상과 조화를 이룬다(Yang, 2005).

무슬림(Muslim)은 이슬람 문화와 신념을 상징하는 이슬람교도를 일컫는 말이다. 이슬람 여성들의 히잡(hijab)은 이슬람 여성들이 머리와 목, 가슴 등을 가리기 위해서 착용하는 일종의 가리개(veil)이다. 이슬람교의 경전인 코란(Koran)에 근거하는 오래된 역사의 전통 복식이다. 히잡은 아라비안 말로 머리에 쓰는 헤드 스카프(head-scarf)를 말하는데, 덮는 것(cover), 보호(potextion)를 의미하며 베일(veil)로 통칭하여 부르기도 한다. 베일은 같은 나라에서도 지역의 차이나 종교적 신실성의 차이, 나이와 사회적 계층 등에 따라 다양하다. 중동지역의 차도르(chador), 아바야(abayah), 부르카(burqah) 등이 신체의 대부분을 가리는 데 반해, 히잡은 머리와 목, 가슴 일부분을 가리고 얼굴을 드러낸다. 그리고 인도네시아에서는 히잡을 질밥(jilbab)으로 부르기도 한다.

| 부르카 | 차도르 | 아바야 | 히잡 |

오리엔탈리즘 패션에 대한 연구를 진행한 서봉하(2018)는 이

슬람 여성의 복식 문제를 논의하는 어려움을 지적하며 크게 두 가지 상황을 제시한다.

하나는 아프가니스탄을 비롯한 일부 이슬람 지역의 부르카와 같은 폐쇄적인 복식문화이며, 또 하나는 서구 사회의 이슬람 여성 복식과 관련된 비난과 이슬람 전통 복식을 착용한 여성에 대한 폭력적 행위들이다. 이는 강제와 강제에 대한 비난으로 요약된다. 그러나 이제는 다양한 시각에서 다양한 문화와 지역에 따른 개별적 시각과 접근을 인정해야 할 시기이다.

1960년대 후반 아랍국가에서부터 시작하여 동남아시아로 확대된 이슬람화는 정치·경제에서부터 국민의 의식주 및 일상생활 전반에 이르기까지 이슬람의 교리와 종교적 실천이 강조되었다. 그리고 1970년대 이후 인도네시아와 말레이시아에 등장한 이슬람 부흥 운동(Islamic Revivalism)은 정치적 부패에 대한 반발과 함께 "다시 이슬람으로 돌아가자."라고 외치는 이슬람 심화 현상으로 이슬람의 정신과 가치를 회복할 것을 요구하였다(Kim, 2012). 이는 인도네시아와 말레이시아인들의 생활양식에 전반적인 변화를 주었는데, 이슬람의 기본 교리와 원칙을 내세우는 다양한 종교 조직이나 단체, 대학생, 중산층, 도시이주민 등 신경제

정책의 교육 혜택을 받은 이들이 주도하였다.

이슬람 부흥 운동은 민주화와 인권, 자유에 대한 열망에 주목하며 국민의 권리와 경제력 향상을 요구하는 정치적·종교적 혁명이다. 하지만 민주적 운동의 성격을 띤 '대중의 요구'가 핵심이다. 종교는 이러한 요구를 전달할 수 있는 효율적인 매체로의 기능(Kim, 2018)을 하였고, 이슬람 부흥 운동을 통한 민주화는 곧 새로운 이슬람 종교의 부흥이었다. 그리고 이슬람 정신과 가치의 외적 표현의 수단으로 히잡이 다시 사용되었다.

1970~1980년대에 동남아시아의 이슬람 부흥 운동은 정치·경제, 국민의 의식주 및 일상 생활양식에 전반적인 변화를 주었다. 그러나 이후 1997~1998년에 동남아시아를 휩쓴 경제위기를 극복하지 못하고 수하르토 대통령이 물러난 이후, 인도네시아에서는 수년간의 개혁기를 거쳐 다양하고 급진적인 정치적, 사회적 변동과 더불어 문화적으로도 많은 변화를 겪었다.

그중 하나가 바로 팝 이슬람(Popular Islam) 문화의 성장이라고 할 수 있다(Song &, Chun, 2012). 팝 이슬람은 정통적으로 소수가 지배해 왔던 과거의 이슬람과 달리, 대중적인 이슬람 문화(Popular Islamic Culture) 현상을 말한다. 글로벌 세계화의 영향을 받아 인도네시아와 말레이시아에서는 보다 민주적이고 현대적인 이슬람 문화가 대도시를 중심으로 확산되었다. 도시에 거주하는 중산층들에 의해 주도되고 현대화된 의식을 기반으로 현대적인 라이프 스타일에 걸맞는 종교활동과 현대적으로 생산된 대중적 문화와 소비문화라고 볼 수 있겠다. 결국 팝 이슬람 문화는 현재 인도네시아의 문화와 소비 정체성을 가장 잘 표현하는 사회현상으로 이해된다.

말레이시아 패션 에디터 라시드 하미드(R. Hamid)는 이슬람 여성의 히잡 착용 의미 변화에 대한 경험을 이야기한다. 저자와의 인터뷰(2020. 7)에서 "히잡을 쓰지 않던 나의 어머니께서 1990년대 중반부터 갑자기 히잡을 쓰기 시작한 것을 나는 분명히 기억합니다. 이는 당시 무슬림들이 합심하여 정치 경제적으로 어려운 현실을 극복하고자 하였던 이슬람 부흥 운동의 영향이라 생각합니다."라고 말한다.

이렇게 이슬람 부흥 운동의 확산 후, 이슬람 세계의 여성들은 이슬람적 가치의 상징과 여성의 사회적 지위와 정체성을 보호하는 페미니즘 운동을 촉발했는데, 이슬람 부흥 운동의 상징이 바로 여성들의 히잡 착용이었다(Lee, Lee, Choi, Ryu, Yeon, &

Lee, 2001). 대학에 다니면서 이슬람의 중요성을 깨달았지만, 히잡에 대한 부정적인 시선 때문에 착용을 꺼리던 여성들이 히잡을 착용하게 되면서 대중적인 히잡 착용의 확산에 긍정적 영향을 미쳤다(H. Kim, 2018). 인도네시아도 1990년대 이후 이슬람 부흥 운동으로 히잡 착용을 망설이던 여성들이 자유롭게 착용을 하게 되었다.

팝 이슬람(Pop Islam), 쿨 이슬람(Cool Islam),
모던 이슬람(Modern Islam)

2000년대 또 한 차례 이슬람 부흥 운동의 영향으로 대중적인 이슬람으로서 '팝 이슬람(Popular Islam)'이 등장하였다. 이를 '제2차 이슬람 부흥 운동'이라 하였다. 팝 이슬람은 모던 이슬람으로 불리며 도시 중산층의 민주주의 사고로부터 탄생한 이슬람교와 그 문화를 말한다. 팝 이슬람의 민주화 과정은 미디어의 발달 및 영향이 컸다.

인도네시아와 말레이시아에서 21세기 들어 대학교육이나 유학 등 서구 교육과 높은 교육수준의 의식 있는 무슬림 여성들이 점차 증가하였는데, 이로 인해 전문직에서의 여성 참여의 확대, 여성들의 사회적 지위 상승 및 여성의 직업 참여가 늘어났고 히잡 착용의 사회적 의미 변화도 나타났다.

팝 이슬람은 젊은 무슬림 세대의 실용적 가치관과 대중문화의 코드를 수용하는 세대를 이르는 말로 사용되기도 하며 때로는 쿨 이슬람(Cool Islam)으로 불리기도 한다(Akala, 2018).

이러한 팝 이슬람 문화의 등장과 유행의 배경에는 인도네시아에서 여성 교육의 기회가 많아지고, 이로 인해 여성의 사회진출이 증가하는 것과 관련된다. 도시에 거주하는 중산층 무슬림 여성들의 대학교육이나 유학을 통해 서구교육을 받은 기회의 증가는 사회적 지위 상승과 사회진출로 이어졌다(Lee & Park, 2020).

쿠알라룸푸르의 패션 전문가 라시드는 인터뷰에서 "이제 도시 전문직 여성의 히잡 착용은 높은 교육 받았음을 의미하기도 한다."라고 하였다(2019. 7). 즉 중산층으로 살아가는 여성에게 있어 히잡의 착용은 높은 사회경제적 배경을 표현하는 동시에 미적 표현을 위한 패션 아이템으로 사용하는 것이 되었다.

지금까지 히잡 착용은 서구의 시선에서 여성의 권리와 자유의 제약으로 비쳤다. 그러나 21세기의 히잡 착용은 다른 문화권의 여성과 구별시키는 주된 요인이며, 무슬림 여성들의 정체성을 유지하는 강력한 수단으로 변화하였다. 동남아시아에서 무슬림 여성의 히잡 착용이 여성의 자유를 박탈하는 현상이라고 말할 수 없으며, '히잡은 이슬람적 가치에 근거하는 무슬림 여성들의 정체성을 나타내는 상징적인 존재'인 것이다(Lee et al., 2001).

Alam et al.(2011)의 연구에 의하면 종교는 개인과 사회에서의 태도, 가치, 행동에 중요한 영향을 미치는 가장 보편적이고 영향력 있는 사회 제도 중 하나라고 주장하였다. 따라서 새로운 이슬람으로서 팝 이슬람, 쿨 이슬람, 모던 이슬람의 등장과 히잡의 착용은 여성들의 새로운 태도, 가치, 행동을 표현하는 것이다.

Akou(2007)는 그동안 서구적 시각에서 하나의 패션 시스템으로 모든 이슬람 의상을 규정해 온 점을 비판하였다. 동남아시아 패션디자이너들이 2006년 이후 이슬람 패션에 대해 알리는 이슬람 패션 페스티벌(Islamic Fashion Festival) 개최를 통해 이슬람을 곧 테러 집단으로 여기는 편견을 깨뜨리고 모디스트(modest) 패션을 적극적으로 알리는 이유일지도 모른다.

즉 인도네시아와 말레이시아의 이슬람 부흥 운동으로 변화된 무슬림의 히잡 착용은 이슬람이라는 종교적 정체성의 맥락에서 단순히 머리를 가리는 것 이상의 의미를 지닌다. 패션을 통해 겸손, 도덕, 아름다움, 종교, 사회와 상호작용하며 자신의 새로운 정체성을 표현하는 도구로 사용하는 것이다. 이 팝 이슬람의 배경 속에서 등장하는 히잡과 히잡의 패션화 경향은 패션의 다문화 및 다양성으로 인식해야 할 것으로 본다.

이슬람국가의 여성 의류 시장 규모의 증가에는 여성의 사회활동 증가와 관련이 있다(KOTRA 해외시장뉴스, 2020. 10. 5.)는 분석처럼 여성의 교육 수준의 증가는 사회활동의 증가로 이어지고 이는 결국 패션 시장 규모의 증가와 관련이 있는 것을 알 수 있다. 이제 과거 무슬림을 경계의 대상으로 보던 시기를 지나 2000년대 이후의 동남아시아에는 팝 이슬람의 등장, 여성 교육 수준의 확대, 여성의 사회진출 증가 등으로 무슬림 여성들의 무슬림에 대한 자긍심과 다양한 패션에 대한 요구가 나타나는 상황으로 볼 수 있다.

결국 새로운 '대중적인 문화 현상' 혹은 '새로운 문화 현상을 수용하는 세대'를 지칭하는 팝 이슬람의 등장과 여기에 여성의 교육 증대와 사회진출은 이들의 패션 시장을 이해하는 데 매우 중요한 요소이다.

신남방정책과 무슬림 패션 시장

2017년 우리나라 정부는 한·인도네시아 비즈니스 포럼에서 우리나라 국가발전의 핵심 전략으로 '신남방정책'을 발표했다. 아세안(ASEAN) 국가들과의 협력을 통해 우리 경제 저변을 확대하고 4강(미국, 러시아, 중국, 일본) 중심의 외교와 무역에서 벗어나고자 함이다. 정부는 2017년 신남방정책을 발표하며 우리나라의 해외시장 다변화의 필요성을 강조하였다.

신남방정책은 동남아시아국가연합 아세안(Association of Southeast Asian Nations[ASEAN], 1967) 10개국, 인도 등 신남방 국가들과 정치·경제·사회·문화 등 폭넓은 분야에서 주변 4강(미국, 일본, 중국, 러시아)과 유사한 수준으로 한국과의 관계를 강화 시키고자 하는 새로운 패러다임의 핵심 외교정책이다(Presidential Committe on New Southern Policy [NSP]). 대한무역투자진흥공사(Korea Trade-Investment Promotion Agency[KOTRA], 2019)의 아세안 시장 공략을 위한 전략 보고서에 따르면 경제성장으로 구매력이 확대되는 아세안에서 농수

산품, 화장품, 패션의류, 생활유아용품, 의약품 등 5대 유망 소비재를 중심으로 젊은 소비층의 온라인, 홈쇼핑 시장을 공략할 것을 조언하며 특히 무슬림 패션은 의류업계의 아이콘으로 부상하는 성장 가능성이 매우 높은 시장이라고 분석한다.

우리나라 패션산업은 내수시장이 좁고 경기 침체와 소비시장의 위축으로 인해 중국에 의지하는 비중이 높았다. 하지만 중국의 경기 둔화 가속화, 보호무역주의 등의 지속적인 시장여건의 불안정으로 새로운 해외시장 개척이 요구되고 있다. 여러 동남아시아 국가 중에서도 인도네시아와 말레이시아는 전체 인구 대비 젊은 층인 MZ세대의 인구비율이 높고 한류의 영향으로 한국문화와 K-패션스타일에 대한 관심이 증대되고 있다. 또한 두 나라의 급속한 경제성장 및 도시 집중화는 패션 소비환경에서도 고급 브랜드, 소비의 고급화가 나타나고 있다.

미국 경제 전문지 《포천(Fortune)》은 지금껏 무슬림을 대상으로 한 비즈니스가 금융과 할랄 식품에 집중돼 있지만 무슬림 시장에서 무궁무진한 가능성을 가진 것은 바로 패션이라고 밝힌바 있다(Petrilla, 2015).

Pew Research Center(as cited in KOCCA, 2019c)에 의하면 현재 무슬림 인구는 전 세계에서 가장 빠르게 증가하는 종교 그룹으로 2050년까지 전 세계 인구의 29.7%에 해당하는 27억 6,000만 명에 달할 것으로 추정된다.

인도네시아와 말레이시아는 이슬람을 믿는 무슬림이 지배적인 국가이지만, 동시에 여러 인종이 함께 거주하고 있는 곳으로 다양한 문화가 공존하고 있다. 이러한 연유로 한류를 비롯한 해외 문화와의 교류가 빈번하게 이루어지며 경제 및 패션의 중심지가 되고 있다. 인도네시아와 말레이시아 내에서 무슬림 의상의 의미가 지속적으로 발전하면서 과거와는 달라지는 모습을 보이고 있다. 과거에는 종교적, 문화적인 행위로 간주하여 보수성이 강조되는 영역이었으나, 현재에는 패션에 민감할 뿐만 아니라 여성들이 종교적 신자로서 적극적으로 무슬림 패션을 선택한다는 의미가 부여되면서 의류 시장에서 큰 수요로 부상하고 있다(KOCCA, 2019c).

이러한 배경 속에서 동남아시아 전역에 걸쳐 일고 있는 한류 열풍은 우리 경제에 지속적으로 좋은 역할을 할 것으로 나타났으며, 소비재의 경우 의류 품목의 수출이 유망한 것으로 분석되고 있다(KOTRA, 2019a, 2019b). 우리나라 패션산업에 있어 인도네시아와 말레이시아 소비시장으로의 진출은 우리나라 패션 시장의 해외시장 개척이라는 측면에서 의의가 있다. 아울러 이런 개척과 성과의 바탕에는 한국제품에 대한 긍정적인 시각이 자리하고 있다. 이제 동남아시아의 무슬림은 글로벌 패션 시장에서 놓칠 수 없는 중요한 소비자가 되었다.

2030년이 되면 세계 중산층 소비의 59%가 동남아시아의 소비층이 될 것으로 전망된다(NSP, 2018). 여기서 말하는 중산층은 곧 주 소비층을 의미하며, 이는 평균연령 30세에 해당하는 젊고 역동적인 세대를 일컫는다. 소비시장으로서의 잠재력이 큰 아세안 지역을 기회의 장으로 삼아 우리 경제의 저변을 확대하고 시장 다변화를 구축하려는 움직임이 가속화되어야 한다.

한국콘텐츠진흥원(KOCCA, 2019c)의 인도네시아 콘텐츠 산업 동향 보고서에 의하면 2019년 인도네시아 패션 시장 규모를 약 26억 3,100만 달러로 보았고, 그중 의류 매출이 가장 큰 비중을 차지하고 있다 하였다. 아울러 인구의 절반 이상이 패션에 민감한 25세 이하로 구성되어 있어 연평균 10.7%라는 높은 성장세를 보이며 2022년까지 약 39억 4,800만 달러 시장으로 성장할 것으로 예측한다(KOCCA, 2019b). 특히 2020년 이후 전 세계를 강타한 COVID-19의 영향으로 패션 산업도 온라인 마켓으로의 패러다임이 바뀌고 있다. 따라서 무슬림 소비자에 대한 온라인 대응이 필요한 시점이다.

★ 쿠알라룸푸르 파빌리안 쇼핑센터

★ 몰링 중인 말레이시아 소비자들

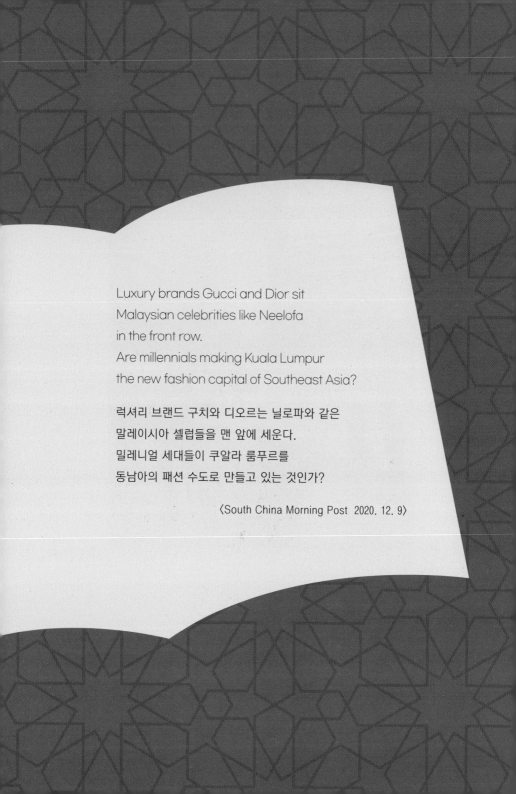

Luxury brands Gucci and Dior sit
Malaysian celebrities like Neelofa
in the front row.
Are millennials making Kuala Lumpur
the new fashion capital of Southeast Asia?

럭셔리 브랜드 구치와 디오르는 닐로파와 같은
말레이시아 셀럽들을 맨 앞에 세운다.
밀레니얼 세대들이 쿠알라 룸푸르를
동남아의 패션 수도로 만들고 있는 것인가?

〈South China Morning Post 2020. 12. 9〉

제2장

모디스트 패션과 히자버

모디스트 패션과 글로벌 패션

모디스트 패션

모디스트(modest)의 사전적 의미는 '겸손한', '수수한', '정숙한'
이다. 모디스 패션은 글로벌 패션 산업에 등장하는 피부의 노출
이나 피트된 옷에 의해 몸매가 드러남을 최소화한 패션을 말한
다. 즉, 모디스트 패션은 '세계의 패션 시스템'에 등장하는 히잡패
션과 같은 새로운 무슬림 패션이라 하겠다.

하지만 각국의 서로 다른 문화적 특성에 영향을 받기 때문에
다양한 해석이 가능할 수 있다. 신체 라인을 강조하지 않는 편안
하고 수수한 패션 스타일이라는 의미로까지 확대해석할 수 있다.
그러나 모디스트 패션에서는 수수하고 정숙한 옷만으로는 성립
되지 않는다. 옷의 특징과 함께 히잡이 함께 착용되어야 한다.

히잡은 얼굴을 제외한 머리와 목, 그리고 가슴을 완전히 덮는 긴 베일, 머리와 목까지 덮는 짧은 베일 그리고 머리만 감싸는 터번 등이 있다. 최근의 모디스트 패션은 주로 이슬람의 종교적 율법에 부합하는 패션 스타일로, 실루엣이 부각되지 않으며 신체 노출을 최소화하여 정숙한 이미지뿐만 아니라 세련된 스타일을 추구하는 것을 지칭한다(Ahn, 2017; Cho, 2017).

하지만 유니클로(Uniqlo)와 모디스트 패션을 협업한 디자이너 하나 타지마(Hana Tajima)는 수수함이란 개념이 개인적으로 다르게 적용될 수 있음을 고려해야 한다고 하였다. "히잡뿐만 아니라 느슨한 실루엣을 비롯하여 몸을 더 가리고, 길이와 소매를 더 길게 하는 것도 포함된다.(Krithika, 2016)"라고 언급하여

Hana Tajima (@hana_tajima) | Twitter

종교적 차원을 넘어 보다 폭넓은 관점에서 해석될 수 있는 가능성을 제시하였다.

현대 패션에 나타난 모디스트 패션은 결국 무슬림 전통 의상과 무슬림 친화적인 패션 스타일을 말한다. 즉 '겸손한, 정숙한'의 의미로, 이슬람의 종교적 율법에 부합하는 패션, 실루엣이 드러나지 않으며 신체 노출을 최소화한 패션 스타일이다.

결국 모디스트 패션이란 글로벌 패션 산업의 시스템 안으로 들어온 신체 라인을 부각시키지 않는 편안한 실루엣으로 정숙함이라는 코드는 물론 자신만의 개성과 취향을 세련되게 연출하는 무슬림 패션 스타일이라고 정의할 수 있다(S. Kim, 2018).

모디스트 패션의 글로벌화는 세계적인 패션디자이너들이 패션 컬렉션에 무슬림 전통 의상을 발표하며 무슬림에 대한 관심을 촉구한 것이 중요한 역할을 하였다. 다민족, 다문화의 다양성을 인정하고, 무슬림의 특징적인 아이템인 히잡의 전통적인 이미지를 재해석한 현대적이고 유니크한 패션디자인을 제시하고 있다.

인도네시아의 히잡 패션 트렌드와 관련하여 인도네시아 정부의 관심을 분석한 연구에서는 글로벌 무슬림 마켓의 성장과 히잡 패션의 유행은 인도네시아의 도시 라이프 스타일과 대중문화의 영향에도 관련이 있다고 하였다(Elvianti & Putri, 2019). 그리고 이슬람 경제에 가장 큰 영향을 준 요인 중 하나가 '모디스트 패션'의 유니크함과 성장이라고 하였다. 따라서 히잡으로 대표되는 모디스트 패션은 이제 국가적 차원의 관심과 지원을 받고 있으며, 인도네시아에서의 히잡 패션은 '글로벌화, 현대화, 도시화'와 같은 새로운 이슬람 라이프 스타일을 상징하는 것이라 하겠다.

모디스트 패션 브랜드

글로벌 패션 브랜드들이 무슬림 여성들의 사회적 지위 상승과 경제력 확보 등의 변화에 발맞추어 무슬림 여성들의 히잡 패션, 즉 모디스트 패션 라인을 런칭하고 있다. 막스마라(Max Mara), 알렉산더 왕(Alexander Wang), 크리스티안 디오르(Christian Dior) 등 서구 유명 디자이너 브랜드들은 무슬림 의상을 테마로 한 컬렉션을 개최하고 홍보하며 히잡 패션을 글로벌 트렌드에 포함시키고 있다.

Lee & Park(2020)의 지적처럼 인도네시아와 말레이시아는 대규모 쇼핑센터를 속속 세우고 자국민과 여행자들의 소비를 촉진시키고 있다. 그리고 패션산업에 대한 국가적인 투자를 통해 이슬람의 전통을 유지하면서도 트렌드를 수용하는 무슬림 여성 의복의 패션화와 세계화에 영향을 미치고 있다.

막스 마라(Max Mara)는 소말리아 난민 출신의 모델 할리마 아덴(Halima Aden)을 내세워 트렌치코트에 히잡을 착용하여 무슬림 시티 룩의 모디스트 패션을 선보였고, 2018년 5월 차세대 모델의 변화라는 주제로 히잡을 쓰고 영국《보그(Vogue)》잡지의 표지를 장식하였다. 아덴은 인터뷰에서 다양한 공동체의 문호를 열어 주기를 희망한다고 하였다.

"아름다움과 다양성에 대한 긍정적 메시지를 퍼트리자."

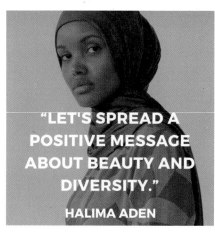

"LET'S SPREAD A POSITIVE MESSAGE ABOUT BEAUTY AND DIVERSITY."

HALIMA ADEN

Halima Aden – Twitter

영국 모델 머라이어 이드리시(Mariah Idrissi)는 2015년 H&M의 'Close the Loop' 캠페인에서 최초의 이슬람 히잡 착용 모델로 인정받았고, 알렉산더 왕(Alexander Wang)의 컬렉션에서 히잡을 머리에 밀착시켜 히잡과 패션 아이템을 블랙 앤 화이트의 배색으로 세련된 시티 룩을 연출하였다. 크리스티안 디오르(Christian Dior)는 2018 F/W 컬렉션에서 대조배색으로 나무줄기와 잎사귀의 자연무늬를 표현하여 이국적인 감성을 시크하게 보여주었다(Choi & Kim, 2019).

패스트패션 브랜드 유니클로는 2015년부터 전통적 가치를 현대적이고 세련된 스타일로 디자인하는 패션디자이너 하나 타지마(Hana Tajima)와 콜라보레이션으로 히잡과 스커트, 튜닉 등 무슬림 여성을 위한 모디스트 패션 라인을 시즌별로 선보이고 있다. 미국 최대 백화점 메이시스(Macy's)가 모디스트 패션 브랜드 베로나(Verona)컬렉션을 판매하였다. 미국 백화점 중에서 최초로 모디스트 패션을 판매하였는데 이는 무슬림 여성과 소수민족의 다양성을 인정하는 계기가 되었다.

인도네시아의 로컬 모디스트 패션 쇼핑몰인 스쿠마(Squma)는 자체 브랜드 〈SQUMA〉에서 디즈니(Disney)와의 콜라보레이션으로 대중적이며 세계적인 캐릭터 미키마우스 히잡을 선보였다. 인도네시아 디자이너가 출시한 브랜드 '히즈업(Hijup)'은 월평균 50만 명이 찾는 인기 '히잡 쇼핑몰'인데, 창업자가 마음에 드는 히잡 패션 제품을 발견하지 못해 직접 히잡 패션 제품을 디자인하여 판매하는 인터넷 쇼핑몰로 알려져 있다.

베리벤카(Berrybenka) 쇼핑몰은 2011년에 설립된 인도네시아 1세대 전자상거래 업체로 현재 가장 인기 있는 패션 온라인 쇼핑몰이다. 오프라인 매장도 성업중인 베리벤카는 저렴한 가격과 감각적이면서 실용성을 겸비한 모디스트 라인 히자벤카(Hijabenka)를 출시하여 무슬림을 포함한 일반 소비자까지 타깃을 확장시키고 있다.

무슬림을 위한 글로벌 패션 브랜드의 확대는 스포츠 브랜드에도 영향을 주었다. 세계적인 스포츠 브랜드 나이키(Nike)는 펜싱, 배구, 농구, 복싱 등의 스포츠 유니폼 가이드 라인이 변경되면서 무슬림 여성이 스포츠 경기에서 히잡 착용 가능한 고기능성 히잡을 제작하였다. 수영복을 비롯한 이슬람 여성 선수를 위한 '스포츠 히잡'을 출시하여 무슬림 여성 운동선수의 운동복 착용의 어려움을 최소화하고 모두가 스포츠에 참여할 수 있도록 하였다. 전자제품 기업인 샤프(Sharp)의 인도네시아 법인은 무슬림 여성의 히잡 전용 세탁기를 출시하고 히잡 모드 시리즈를 선보이기도 하였다.

글로벌 럭셔리 브랜드로부터 패스트 패션 브랜드, 로컬 브랜드, 스포츠 브랜드 등 과거 부정적 시선과 막연히 경계했던 종교적 아이템인 히잡이 이제는 모디스트 패션으로 통합되며 세계 패션 산업에서 다양하게 재해석되고 창작되고 있다. 모디스트 패션은 더 이상 종교적 정체성에 한정되지 않고 무슬림 젊은 세대의 적극적인 패션화 경향과 함께 패션의 한 장르로서 확대되었다.

지금은 획일화된 미의 기준을 탈피하여 다양성을 인정하고 패션 그 자체의 가치를 존중함으로써 새로운 패션 문화를 구축해가고 있는 패션업계의 인식변화(S. Kim, 2018)는 무슬림 전통 패션의 가능성과 가치를 보여주었다. 그러므로 글로벌 패션산업에서 모디스트 패션은 무슬림 여성에 대한 고정관념을 탈피하고 다양성을 인정하는 성숙한 패션 문화가 형성되었다. 더불어 감각적인 패션 스타일의 장르로 모디스트 패션이 무슬림 여성만을 위한 것이 아닌 누구나 시도 가능한 패션의 한 장르로서의 가능성도 열고 있다.

1. 자카르타 쇼핑몰의 베리벤카 매장 ★
2. 나이키 프로 히잡 수영복
3. 반둥 교핑몰의 히자벤카 매장 ★

2

히잡의 패션화와 패션 소비

히잡 착용을 선택할 수 있는 것인가?

히잡을 착용한 여성은 종교가 삶의 중심이고 정체성의 핵심으로 전근대적이고 탈현대적인 성향을 지녔을 것이라고 생각하기 쉽다(H. Kim, 2018). 하지만 2000년대 이후의 동남아시아 무슬림 여성들은 이와는 반대로 그러한 고정관념과 편견에 대한 대응으로서 자신을 표현하기 위해 히잡을 착용하는 것으로 보인다.

히잡의 착용은 전통적이거나 전근대적인 것으로 보지 않고 오히려 현대적 변화를 적극적으로 받아들이려는 태도의 표현이다. 전통의복과 종교적인 소속이 아니라 성취와 역량으로 측정하고 싶다는 욕구이다. 즉 히잡은 인권, 자유에 대한 열망에 주목하며 이를 전달할 수 있는 효율적인 아이템으로의 기능을 하는 것이다. 그러므로 가족의 반대에도 히잡을 착용하기도 하며 자신의 권리와 자신이 누구인지를 보여주고자 하는 욕구를 강력하게 강조하며 히잡의 상징적 가치를 변화시켰다.

말레이시아는 이슬람교가 자치주의 공식 종교이며 이슬람 율법이 강제적이지만 여성의 히잡 착용은 의무가 아니다. 그럼에도 불구하고 대부분의 무슬림 여성들은 히잡을 착용한다. 그리고 상황에 따라 현대적인 스타일과 패턴, 과감한 색상을 사용하기도 한다.

Hassan et al.(2015)에 의하면 히잡을 착용함으로써 '자신을 표현'하는 것이 여성들이 최고의 교육을 받을 권리와 그들이 원하는 직업을 선택할 권리를 가진다는 것을 보여준다고 하였다.

히잡을 두고 다양한 논쟁이 있다. 무엇보다 핵심은 무슬림 여성이 히잡 착용을 '선택'할 수 있는지의 여부이다. 이에 대한 의미 있는 연구가 있다. Wagner et al.(2012)의 인도네시아 무슬림이 다수인 도시지역과 소수인 지역의 무슬림 여성의 히잡 착용에 대한 패션 의식을 비교한 연구에서 무슬림 여성이 소수인 지역의 여성들은 히잡 착용이 자신의 선택보다는 사회적 고정관념에 의한다고 하였다.

즉 무슬림이 다수인 도시지역의 여성들은 오히려 '자신의 선택'에 의해 히잡을 착용하는 경향이 높아 동남아시아 내에서도 여성 무슬림의 히잡 착용은 사회적, 정치적 경험, 교육수준에 따라 상당히 차이가 있는 것이다.

동남아시아 무슬림 여성의 히잡 착용은 종교와 패션의 균형으로 이는 곧 개인의 행복을 의미한다. 즉 종교적 의무는 히잡으로 제한될 뿐, 미적 표현의 억압이나 미적 취향의 포기를 의미하지 않으며(H. Kim, 2018) 자신의 선택으로 패션으로서의 히잡을 착용하는 것이기 때문이다.

인도네시아와 말레이시아의 히잡은 다른 이슬람권의 베일에 비해 비교적 착용이 자유로워 얼굴뿐만 아니라 손도 가리지 않으며 상의와 하의가 모두 가려지지 않고 보이므로 개성 있는 패션 스타일링이 가능하다(Kwon, 2017). 라시드의 인터뷰(2019. 7)에서도 "히잡을 착용하는 여성들은 어떠한 트렌디한 옷을 입어도 되며 히잡으로 헤어와 목을 커버만 하면 된다."라고 하였다. 그리고 무슬림 여대생 7명을 대상으로 한 인터뷰(2019. 8)에서도 7명 모두 "히잡 착용 여부는 '본인이 결정'한다."라고 말한다. 7명 중 '히잡 착용'이 3명, '미착용'이 4명인데 '모두 스스로 선택한 것'이라고 하였다. 히잡을 착용하지 않은 무슬림 여대생들에게 그 이유를 물으니 아직 준비가 안 되었다(I'm not ready)고 말하였다.

이전 시대의 히잡과 요즘 시대 히잡의 의미는 다르다. 최초의 히잡 착용이 종교의 가르침에 대한 여성 복종의 상징이었다. 이슬람 부흥 운동 이후 동남아시아에서 전개된 팝 이슬람 문화의 분위기와 도시화, 여성들의 교육 확대, 사회진출의 증가 등 사회적 분위기의 배경에서는 여성의 정체성 표현 및 표현의 수단으로 히잡을 착용하게 된 것이다. Kartajaya, Iqbal, Alfisyahr, Devita & Ismail(2019)은 인도네시아 이슬람 패션 세그멘테이션 연구를 통해 인도네시아 무슬림 패션은 보수적 전통의상에서 현대적 패션으로 바뀌어 가는데 그 중심에는 패션소비 마켓의 40%를 차지하는 젊은 세대가 있다고 하였다. 그리고 패션은 일종의 사회적 커뮤니케이션이기에 무슬림여성들은 자신들의 이미지와 사회적 정체성을 패션에 담아 소비하고 있다고 하였다. 인도네시아 이슬람여성들의 패션은 개성추구, 샤리아(Sharia. 이슬람 율법) 복장 스타일 지향, 종교의 신실성이 매우 높아 현대적 패션스타일과 종교적 신실성이 함께 고려됨을 알 수 있다. 특히 인도네시아 무슬림 여성들은 높은 개성추구와 히잡을 착용하는 자신의 옷차림이 주변 사회에서 자신의 이미지와 자아 정체성을 드러내는 행동임을 잘 알고 있었다.

그리고 2000년대를 전후하여 동남아시아 젊은 여성들은 이슬람 규율에 맞게 개성 있는 히잡 패션 스타일링을 추구하게 되었다. 그러므로 자유와 인권의 보장으로 새로운 미적 취향이 생겨나며 무슬림 여성 스스로가 우아하고 개성 있는 이슬람 패션을 표현하며 히잡 착용의 의미가 변하였음을 알 수 있다. 이러한 변화속에서 소셜미디어를 통해 정보를 쉽게 접할 수 있는 시대가 되면서 현대 이슬람 여성들은 세계의 최신 트렌드를 빠르게 따라잡을 수 있게 되었고(Hassan & Harun, 2016), 지금은 좀 더 트렌디하고 스타일리시한 형태의 히잡 패션의 사용도 허용되고 있다.

무슬림 여성 의복의 패션화(fashioning)

동남아시아 현대 무슬림 여성 의복의 패션화는 여성 스스로 선택에 의해 생겨난 현상이다. 인도네시아와 말레이시아의 민주화, 인권, 자유에 대한 열망의 대중적 요구로 시작된 정치적 · 종교적 혁명인 이슬람 부흥 운동과 팝 이슬람의 영향이 반영되었다고 할 수 있다.

팝 이슬람 문화의 등장은 정치 · 경제 및 의식주를 비롯한 라이프 스타일 전반에 영향을 주었으며, 패션에서도 변화가 나타났다. 인도네시아와 말레이시아에서 1980년대까지 패션의 문제는 중요하게 여겨지지 않았다. 하지만 2000년대 팝 이슬람의 등장을 전후로 패션으로서의 히잡 착용의 다변화가 이루어졌으며, 대중적 관심이 고조되었다. 무슬림에게 히잡의 착용은 종교적 신실성과 함께 개인의 정체성을 표현하는 것이다. 히잡 패션의 여성은 사회적으로 성공하고 더 현대적인 의미를 갖게 되었다.

과거에 착용되었던 커다랗고 허리까지 오는 무늬가 없는 히잡은 2000년대 초중반 이후 젊은 여성 사이에서 점차 다양한 색채와 스타일링 아이템으로서의 히잡으로 바뀌어 유행하고 있다. 라시드의 인터뷰에 의하면 "직장 여성들도 화려하고 비비드한 색채의 오피스 룩에 히잡을 매치하는 것도 문제없다."라고 설명한다. "단, 바디 셰이프 허락은 스스로 기준이 되는 종교적 신실성에 따라 결정한다. 예를 들어, 스키니진은 바디 셰이프를 적나라하게 나타내기 때문에 무슬림에게 허락된 것은 아니다. 하지만 젊은 무슬림 여성들은 개인의 선택에 의해 스키니 진즈를 착용하기도 한다."라고 말한다. 히잡을 '조화롭게' 착용한다면 나머지는 개인의 패션 취향에 따라 타협이 된다는 것이다.

히잡이 전체 스타일링의 중요한 일부로 다른 패션 아이템들과 코디네이트 시키는 모습은 도시 곳곳에서 보인다. 히잡과 의복의 색과 이미지에 따라 함께 믹스 앤드 매치하여 각자의 개성을 표현하는 경향은 이제 일상이 되었다.

★ 포즈를 취해주는 히잡 착용 여대생

★ 스키니 진즈, 롱 스커트, 통바지 등 자신의 의지로 연출되는 다양한 히잡 패션

한편 인도네시아와 말레이시아의 대규모 쇼핑센터는 히잡의 패션화에 중요한 역할을 했다. 세계적인 패션업체들은 히잡에 어울리는 다양한 패션 아이템을 출시하고 히잡을 착용한 유명 연예인을 상업적으로 광고에 출연시켜 히잡 패션에 영향력을 주었다. 그리고 패션산업에 대한 국가적인 투자는 자국의 전통요소를 중

요시하며 트렌드를 수용한 무슬림 패션을 세계에 소개함으로써 무슬림의 히잡에 대한 인식 변화에 영향을 미쳤다.

이러한 상황은 무슬림 의류 시장이 앞으로 성장 가능성이 매우 높고 수익성이 좋은 시장이 된다는 것을 말한다. 더불어 동남아 무슬림 여성의 지위 상승 및 여성의 사회 진출의 증가로 이슬람 규율을 근거로 하면서도 개성 있는 옷차림을 추구하는 젊은 여성 층이 늘어나고 있다(Ahn, 2017). 글로벌 패션 업계의 아이콘으로 부상하는 무슬림 패션을 반영하듯 유럽, 아시아 뿐 아니라 뉴욕의 최대 백화점인 메이시스(Macy's)에서도 히잡과 같은 무슬림 의상들을 판매하고 있다.

한편 인도네시아 패션 디자이너 애니사 하시부안(Anniesa Hasibuan)은 2017년 뉴욕 패션 위크 런웨이에서 모든 컬렉션에 히잡을 매칭한 모던하고 고급스러운 모디스트 패션을 선보이며 히잡을 알리고자 노력하였다. 이러한 결과는 히잡이 전통적인 이슬람식 복장 착용이라는 인식에서 탈피해 자신의 개성을 담는 패션아이템으로 활용한 히잡의 패션화로 이슬람 신앙과 패션을 블렌딩한 새로운 모디스트 패션이 세계에 조명되는 계기가 되었다.

과거처럼 모든 무슬림을 경계의 대상으로 보던 시기는 지났다. 2000년대의 동남아시아 팝 이슬람의 등장으로 무슬림에 대한 자긍심과 자유로운 패션 스타일링 및 자기표현이 증가하게 되어 이제 히잡은 종교적 신실함과 개인의 미적 취향을 담은 패션을 동시에 나타내는 패션 아이템이 되었다. 또한 서구화와 글로벌화의 물결은 이슬람 문화권에 대한 시각의 변화가 나타나고 패션과 문화의 다양성을 인정하면서 히잡의 패션화가 나타나고 있음을 알 수 있다.

이슬람 문화권의 무슬림 여성 의복의 패션화(fashioning) 현상과 그 의미는 그들의 상징인 히잡이 민속복, 종교복의 범주가 아닌 '패션'으로서 나타나는 현상이며, 그 주체는 도시 라이프 스타일에 기반한 젊은 여성들이다. Tarlo and Moors(2013)가 언급한 '복종'과 '저항'과 같은 종교적 경건함, 순종, 공동체의 권위뿐 아니라 무슬림 여성들의 히잡 '패션화'가 도시를 중심으로 매우 자연스런 일상이 되었다.

인도네시아 무슬림여성의 패션 선호

동남아시아 무슬림들과 달리 서구 유럽 사회의 소수자로서의 무슬림 젊은 세대들은 가혹한 편견에 맞서고 있다. 히잡과 같은

그들의 종교적 색채가 나타나는 의복이 서구인들에게는 위협적
인 테러의 상징으로 여겨지기 때문이다. 스트리트 패션을 연구한
AJala(2018)에 따르면 유럽의 무슬림들은 'I love my prophet'
혹은 'Terrorism has no religion'처럼 테러와 자신의 종교는 관
련이 없다는 메시지를 티셔츠에 새겨 넣어 서구의 편견에 맞서고
있다.

　그러나 동남아시아의 상황은 좀 다르다. 현대 인도네시아 사
회에서는 오히려 히잡의 착용이 과거보다 점차 늘어가고 있다.

1920년대에는 여학생의 교복에 주로 사용했던 히잡이 이제는 거의 모든 여성의 외출복에 착용이 된다. 히잡 착용은 대학생, 정치가, 은행원에서부터 예술가에 이르기까지 모든 일상의 사회생활을 하는 여성들의 일상복이다(Turmusi, 2016). 이러한 히잡 착용의 현상에 대해 Turmusi(2016)는 종교성이 강해지는 것이 아니고 단지 '현대 인도네시아의 의생활 양식의 하나'일 뿐이라고 단언한다.

이제 무슬림 여성들의 패션 소비와 디자인 선호에 대한 사례를 인도네시아를 중심으로 살펴보자.

패션 소비는 자신의 정체성을 명료하게 하는 욕구를 근거로 이루어진다. 그리고 인도네시아의 이슬람 패션은 종교를 고수하는 표현인 동시에 인도네시아 무슬림 여성의 정체성을 상징하고 변화하는 여성의 사회적 역할과 함께 패션이 발전하고 있다(Mas'udah, 2018). 인도네시아 젊은 세대들은 고유의 히잡을 착용하며 종교성을 유지하는 동시에 글로벌 패션 현상과 동일한 흐름 속에서 모던 라이프 스타일 생활을 추구하고 있고 히잡 패션은 사회적으로 문화적으로 현대화되었다는 상징으로 변화하였다.

인도네시아 수도 자카르타(Jakarta)와 제2의 도시 반둥(Bandung)

에 거주하는 10대 후반에서 40대까지의 성인 무슬림 여성을 중심으로 인구통계학적 특성과 종교적 관련 변수에 따른 의류제품 구매행동을 살펴보는 연구를 수행하였다(Park & Park, 2021)[1]. 해당 연구에서 무슬림 여성의 인구통계학적 특성 및 종교가 의복 구입비 지출, 패션 제품 구매 시 어떠한 점이 고려되는지 그리고 패션 제품 구매 장소 선택 및 결정 시에도 어떠한 차이가 있는지 확인하였다.

그 결과 무슬림 여성들의 평균 의류제품에 사용하는 구입비용은 연령, 월 소득, 최종학력, 히잡 착용 정도에 따라서 차이가 있음을 알 수 있었다. 그러나 결혼 유무나 종교적 신실성의 정도에 따라서는 의복 구입비용에 크게 차이가 나타나지 않았다.

전반적으로 무슬림 여성들 중 의류제품 구입에 많은 비용을 사용하는 집단은 연령별로는 30대가 가장 많았고, 월 소득은 10,000,001 IDR 이상의 소득이 높은 집단이, 그리고 학력에 따

---

1. 본 내용은 인도네시아 무슬림 여성 301명을 대상으로 구글 설문지 조사 수행의 결과이다. (박영희·박혜원(2021). 〈인도네시아 무슬림 여성의 패션 제품 구매 행동〉. 《패션비즈니스》 25(3) 참조)

라서는 고학력(대학졸업, 대학원 졸업) 집단이, 또 때때로 히잡을 착용하는 집단, 즉 종교적 유연성을 가진 집단의 경우 의류제품 구입 비용의 지출이 높았다.

그렇다면 무슬림 여성들의 의류제품 구입 시 어떠한 점을 고려할까? 이에 대한 조사 분석 결과 실용성, 가시성, 착용 적합성 그리고 디자인성이 의복을 구매하는 데 중요하게 생각한다는 점을 알 수 있었다. 특히 최종학력에 따라서는 가시성에서 유의한 차이를 보였다. 즉 무슬림 여성들의 의류제품 구입 시 실용성을 가장 중요하게 여기는 집단은 기혼자, 30대 및 40대, 그리고 종교적 신실성이 중요한 집단이었다. 눈에 잘 띄는 가시성을 가장 중요하다고 생각하는 집단은 10대에서 30대의 비교적 젊은 세대였으며 히잡을 때때로 착용하는 종교적 신실성이 유연한 집단으로 나타났다.

그리고 미혼자는 쇼핑몰 및 백화점을, 기혼자는 인터넷 쇼핑몰을 가장 많이 활용하였고 연령에 따라서는 30대가 인터넷 쇼핑몰을 가장 많이 활용하였으며, 그 외의 연령대는 쇼핑몰 및 백화점을 가장 많이 활용하고 있었다. 학력에 따라서는 대학원 졸업자들이 의류제품 구매 시 인터넷 쇼핑을 선택한 이유는 구매 방법이 편리해서였으며, 그 외의 집단들은 가격이 저렴하기 때문으로 나타났다. 인도네시아는 인구가 세계 4위로 전체 인구 대비 젊은 20대와 30대 소비자 즉 MZ세대 인구비율이 높은 편이며 이들이 패션 의류 소비에 대한 관심도 높았다.

이처럼 인도네시아 여성을 대상으로 한 연구에서 무슬림 여성들은 백화점, 인터넷 등에서 패션 제품 구매행동이 활발한 것으로 나타났는데 이는 편리성과 함께 그들의 더운 날씨로 인한 쇼핑몰에서 즐기는 몰링(malling)이라는 생활문화가 반영된 것으로 해석된다. 쇼핑몰 및 백화점 매장의 VP 내지 VMD를 적합하게 연출하는 마케팅 전략도 필요하다는 점을 알 수 있다. 그리고 무슬림 여성 기혼자, 30대 및 40대, 그리고 종교적 신실성이 중요한 집단을 타깃으로 할 때는 실용성에, 10대에서 30대, 중학교 졸업자, 종교적 신실성이 중요하지 않다고 응답한 집단을 타깃으로 할 때는 가시성에 초점을 두고 디자인하는 것이 효과적일 것이라 본다.

인도네시아 젊은 여성들이 히잡의 착용은 종교와 관련된 태도임은 분명하나 그럼에도 불구하고 히잡을 착용했을 때 더 사회적으로 성공하고 현대적이며 더 예쁘다고 생각하는 유행으로 변하였다. 특히 젊은 세대들은 두 가지 동기에 의해 히잡을 착용하는데, 하나는 '이슬람에 속하기 위한 목적'과 '모던한 삶과 모던한 여성'이라는 상징이다(Turmusi, 2016). 따라서 인도네시아의 히잡 패션은 분명 새로운 유행 현상으로 간주될 수 있다.

결국 현재 인도네시아의 젊은 무슬림 여성들의 히잡 착용은 큰 틀에서는 종교적 표시이지만 과거와 달리 패션 유행으로서 더 현대화된 글로벌 여성의 이미지와 히잡 착용이 더 아름답다고 생각하여 착용하고 있음을 알 수 있다.

다음으로 인터넷의 영향과 관련하여서 Mas'udah(2018)는 인도네시아 무슬림 여성들의 이슬람 패션 소비에 소셜 미디어가 매우 중요한 영향을 미치는 요인임을 지적하고 있다. SNS를 통하여 무슬림 여성들이 얼마나 패셔너블한 모습인지를 확인하고, 무슬림 여성의 패셔너블한 정체성을 확인할 수 있다고 밝히면서 패션 소비는 자신의 정체성을 명료하게 하는 욕구를 통하여 이루어진다는 Bocock(1993)의 설명을 지지하였다.

최근 무슬림여성들의 패션에 많은 영향을 미치는 패션 인플루언서로 히자비스타들이 주목되는데 특히 인도네시아와 말레이시아의 대표적 히자비스타(hijabista, 히잡 패셔니스타)들은 SNS 등을 통하여 젊은 세대 여성들에게 영향력이 있는 것으로 알려져 있다. 히잡 패셔니스타들의 종교적 신실성과 패션추구, 브랜드 추구, 개성 추구에 대한 결과를 중요하게 지적하기도 하는데 이는 일반 소비자 특히 젊은 세대에 영향을 주기 때문이다 (Kartaajaya et al, 2019).

말레이시아와 인도네시아 패션 인플루언서의 패션을 SNS를 통하여 조사한 연구(Park & Jang, 2020)의 결과를 보면, 인플루언서인 히자비스타들은 종교적 상징인 히잡과 패션 의복 아이템을 활용하여 이슬람의 규범을 따르면서도 매우 다양한 글로벌 패션 트렌드를 지향하고 있는 것을 알 수 있었다. 흥미로운 것은 인도네시아 무슬림 여성들이 히잡 착용 시 스타일링 품목으로 가장 고려하는 것은 핸드백과 신발의 '조화'로 나타난 점이다. 이는 이슬람의 외적인 미의 핵심이 '조화로움'으로, 의복 뿐 아니라, 화장, 액세서리, 신발과 가방 등 전체적인 조화로움을 포함한다는 율법의 아흐락(akhlak:내면의 도덕성이 옷과 태도 등으로 나타나는 인간과 상식에 대한 행동 기준)과도 관련된 결과라고 볼 수 있을 것이다. 최근 인도네시아 패션 시장은 아랍에미리트 다음으

로 큰 무슬림 패션 시장으로 손꼽히고 있는 가운데 성공적인 히
잡 제품 마케팅을 위해서는 핸드백과 신발과의 매칭을 전략적으
로 활용할 필요가 있을 것이다. 이는 히잡을 착용한 인도네시아
K-POP 팬덤에 대한 연구에서 종교적 신실성과 대중문화를 받아
들이는 최근의 젊은 세대들의 특성을 설명(Yoon, 2019)한 것과
같은 결과이다.

한편 Na & Lee(2016)는 인도네시아 소비자가 선호하는 패션
이미지는 새롭고 젊고 모던하고 활발하고 캐주얼하며 흥미로운
이미지인 것이라 하며 외모 관심 수준이 높고 실제 착용하는 의
복은 무슬림의복, 전통의복, 서양의복 중에서 청바지와 정장과
같은 서양의복 스타일을 평소에 즐겨 입는 것이라 하였다. 이러
한 연구의 지적과 같이 실제 무슬림 여성들의 인구통계학적 특
성 및 종교 관련 변수에 따른 패션 디자인 선호 차이를 살펴본 결
과(Park & Park, 2021), 인도네시아 무슬림 여성들의 히잡 착용
시 고려하는 스타일링 품목은 핸드백과 신발과의 조화로 나타났
다. 즉 머리부터 발끝까지 코디네이트된 스타일링에 신경을 쓴다
는 뜻이다. 이는 앞선 연구(Park & Jang, 2020)와 동일한 결과
로 히잡은 단순히 종교적 의미로 착용하지 않고 신발이나 핸드백

처럼 의복과 매치되는 일종의 스타일링 품목으로 간주되는 부분이다.

　인구통계학적 특성과 종교관련 변수에 따른 무슬림 여성들이 선호하는 패션 이미지의 차이를 살펴본 결과 결혼 유무, 연령, 월 소득, 히잡 착용 정도 그리고 의복의 이슬람 규율 지향 정도에 따라서 유의한 차이를 보였다. 인도네시아 무슬림 여성들은 전반적으로는 스포티한 이미지를 가장 선호하였다. 모던한 이미지를 가장 선호한 집단은 기혼자, 월 소득 4,000,000IRD 이상의 집단, 히잡을 매일 착용하는 집단이었으며, 스포티 이미지를 가장 선호하는 집단은 10대와 20대, 월 소득 4,000,000 IRD 미만의 집단, 히잡을 착용하지 않는 집단 및 때때로 착용하는 집단으로 나타났다. 엘레강스한 이미지를 가장 선호한 집단은 30대와 40대로 나타났다. 즉 연령에 따라 수입에 따라 보여지는 패션이미지 선호가 다르다는 듯이다. 그리고 인도네시아 무슬림 여성들은 전반적으로는 무늬가 없는 소재를 가장 선호한다.

　이러한 연구 결과에서 알 수 있듯이 무슬림여성들의 패션디자인 선호는 연령과 월 소득에 영향을 받았으며, 종교적인 변수 또한 영향을 미친다는 것을 파악할 수 있었다.

★ 인도네시아 로컬 모디스트 패션 브랜드 스쿠마의 디즈니 콜라보레이션 히잡 스카프

★ 인도네시아 로컬 패션 브랜드 코트닉의 무슬림 라인

★ 카페 앞에서 포즈를 취해 준 인도네시아 젊은 여성.
반스 운동화부터 히잡, 선글라스, 핸드백까지 색을 맞추어 스타일링 한 모습

결국 인도네시아의 젊은 세대들은 고유의 히잡을 착용하며 종교성을 유지하는 동시에 글로벌 패션 현상과 동일한 흐름 속에서 모던 라이프 스타일 생활을 하고 있음을 알 수 있다. 패션 트렌드의 영향력을 잘 알고 있으며, 사회적 커뮤니케이션으로서 패션을 인지하고 있어 글로벌 패션의 흐름에 결코 뒤떨어지지 않는다는 사실을 알 수 있었다. 젊은 도시의 중산층 여성 소비자들은 현대적 패션스타일과 종교적 신실성을 함께 고려하고 있다. 특히 인도네시아 무슬림 여성들은 높은 개성추구와 히잡을 착용하는 자신의 옷차림이 주변 사회에서 자신의 이미지와 자아 정체성을 드러내는 행동임을 잘 알고 있었다. 이들은 이슬람의 규범을 따르면서도 매우 다양한 글로벌 패션 트렌드를 지향하는 태도를 지녔다.

히잡과 같은 종교적 표현은 이제 정통적 종교성만이 아닌 현대화된 상징과 젊은 인도네시아 여성의 정체성 표현으로서 그리고 도시 라이프 스타일로서의 패션 소비를 문화적으로 누리고 있다는 것을 알 수 있다.

말레이시아 무슬림 여성의 패션 선호
말레이시아의 20~30대 고학력 중산층 무슬림 여성들을 대상으로 한 설문조사에서 나타난 패션 행동과 패션디자인 선호에 대한 특징 중 두드러진 점은 종교적 신실성이었다(Park & Jang, 2020)². 인도네시아의 자카르타나 반둥 등 대도시 여성들보다 말레이시아의 쿠알라룸푸르 도시의 무슬림 여성들은 응답자의 97.9%가 종교는 중요하다고 할 정도로 종교적 신실성이 매우 높다. 물론 히잡의 착용 여부는 신실성과 모두 일치하지는 않았다. 그러나 매일 착용한다가 85.7%, 때때로 착용한다가 6.1%로 말레이시아 쿠알라룸푸르 여성들에게 있어 종교적 신실성은 여성 패션의 착용 기준으로 매우 절대적이라 생각된다. 이러한 결과는 말레이시아 무슬림 여대생들의 종교적 신실성과 의복 착용의 기준이 종교적 복종이라는 선행연구(Grine & Saeed, 2017)와 동일하다.

패션과 종교에 대한 견해를 묻는 질문에는 대부분의 응답자들이 "이슬람 규율에 맞춘 의복을 착용하고 있으며", "이슬람 규율과 패션 트렌드를 함께 고려한 의복을 선택한다"라는 응답도 높

---

2. 말레이시아 무슬림 여성 245명 대상 구글 설문지 조사 결과를 바탕으로 함. (장선우 · 박혜원(2021). 〈말레이시아 무슬림 여성의 패션 제품 구매와 패션 의식〉, 《패션비즈니스》 25(2). 참조

아 종교성과 트렌드성을 함께 고려하여 패션을 선택한다는 점은 분명해 보인다.

의복 구입시 고려사항은 편안함, 사이즈, 디자인과 스타일, 색상, 소재, 튼튼함, 가격, 세탁 편리, 현재 가지고 있는 옷과의 조화, 친환경적 요소, 최신 유행 등은 반영하지만 패션 브랜드 네임은 영향력이 적었다. 브랜드를 크게 중요하게 생각하지 않는다는 점을 통해 해당 지역 소비자들이 매우 실용적이면서도 주체적인 특성을 보인다고 판단된다.

패션 트렌드에 관한 정보 수집은 SNS(28.6%)와 인터넷(24.9%)이 다른 방법들에 비해 월등히 높아 현재 말레이시아 무슬림 여성들은 패션 정보를 알게 되는 방법은 주로 온라인인 것을 알 수 있었다. 잡지와 TV 광고를 패션 정보를 얻는 방법으로 사용하는 경우는 4~5%대에 불과하였다. 하지만 실제로 의복을 구매하는 장소로는 오프라인의 쇼핑몰(38.4%)과 인터넷 쇼핑몰(37.8%)이 비슷하게 높게 나타나 정보를 수집하는 방법과는 차이를 보인다. 이는 말레이시아의 대규모 쇼핑몰의 발달과 인터넷, 모바일의 사용량이 높은 까닭이라 생각된다.

이러한 결과는 소셜미디어가 정보 수집을 더욱 용이하게 하고 있어 이슬람 여성들이 최신의 글로벌 트렌드를 쉽게 따라잡을 수 있게 되었다고 지적한 Hassan & Harun(2016)의 연구결과와 일맥상통한다. 쿠알라룸푸르를 중심으로 하는 말레이시아 여성 무슬림 소비자들의 라이프 스타일을 짐작하게 하는 연구이다.

한편 패션 상품을 구매할 때 영향을 미치는 한류 요인으로는 K-drama와 K-beauty의 영향이 비교적 높았다. 한국 패션에 대한 무슬림 여성들의 태도는 전반적으로 긍정적인 반응을 나타내고 있었다. 이는 말레이시아가 외국 문화의 자국 내 유입에 대해 개방적인 태도를 취하고 있다는 점과 한국문화에 대해서도 이질적인 느낌이 없이 수용하고 있다고 설명한 KF(2019)의 말레이시아 분석자료와 유사하다.

선호하는 패션 이미지로는 모던, 스포티, 소피스티케이트한 현대적 도시 느낌의 이미지가 높게 나타났다. 이와 함께 직물 문양 디자인 선호에서는 무늬가 없는 단색의 무지 직물이 가장 높고, 그 외 기하학, 식물무늬의 선호도 보였으나 동물무늬(동물 캐릭터 포함)는 전혀 선호하지 않았다. 이는 종교적 영향에 의한 것으로 해석된다. 패션 트렌드 민감도 조사 결과에서는 응답자 중 50% 이상이 트렌드에 민감하다고 하였으며, 민감하지 않다는 응답은 10%대였다.

따라서 말레이시아 무슬림 여성들은 패션 트렌드에 높은 관심을 가지고 있다는 점을 알 수 있었다. 피트되는 의복에 대해서는 "여전히 좋지 않다(44.9%)."라는 시각이 아직 우세하게 나타났지만, "상관하지 않는다."라는 경우와 "보통이다."라고 응답한 경우도 각각 27%대로 나타나고 있어 말레이시아 무슬림 여성들은 몸에 밀착되는 패션에 대한 생각에 있어 다양성이 존재하는 것으로 보인다.

　　한편 히잡 착용 시 고려하는 스타일링과 관련하여 옷과의 색채 조화, 핸드백, 신발 등과의 조화, 화장과의 조화 등 여러 요소와의 스타일링을 고려하고 있었다. 이러한 특성은 앞서 지적한 인도네시아 무슬림 여성들의 조화로운 스타일링의 품목과 유사하다. 현재 동남아시아 무슬림 여성들에게 히잡 착용은 무슬림의 의무이자 권리이며 개인적 선택이고, 종교적 정체성과 자긍심의 표현으로 전통과 현대, 서구 패션을 자유롭게 선택하여 스타일링하고 있다는 히잡 패션에 대한 선행연구(Lee & Park, 2020)의 내용과 연결된다.

　　말레이시아 무슬림 여성들의 패션과 환경 의식에 대한 질문의 응답에 입지 않는 옷의 처분은 버리는 폐기보다 재활용, 나눔, 판매 등 재사용의 방법들을 선택하고 있었으며, 의복 구매에 있어

서도 환경을 고려하는 구매 태도를 보였다. 따라서 조사대상자들은 환경 의식 수준이 높음을 확인할 수 있었다.

결국 20~30대의 고학력 말레이시아 무슬림 여성 소비자들은 도시적이고 활동적인 경향을 보여 모던, 소피스티케이트, 스포티 이미지에 대한 선호가 높고, 무늬가 없는 깨끗한 직물을 가장 좋아한다. 또 패션 선택에 있어 자신들의 종교인 이슬람의 율법을 따르면서도 패션 트렌드를 추구하고 있는 것을 알게 된다. 트렌드에 대한 관심이 매우 높아 패셔너블하고 조화로운 스타일링 연출을 추구하며, 실용성과 미적 요인을 고려하여 의복을 구매하고 있었다. 주로 SNS와 인터넷을 활용하여 패션 트렌드에 대한 정보를 취득하고 이를 바탕으로 인터넷과 쇼핑몰을 통해 패션 제품을 구매하는 것으로 나타났다.

3

모던걸 히자버의 출현과 활동

히자버 커뮤니티의 출현과 이슬람 교리의 조화

히자버(hijaber)는 'hijab'+'er'의 신조어로 '히잡을 쓴 사람'을 뜻한다.

원래 히잡을 쓴 무슬림여성을 지칭하는 말은 '히자비(hijabi)'가 있었고 최근에는 히잡을 쓴 바비인형을 뜻하는 '히자비(hijabie : hijab+barbie)'도 생겨났다.

히자버의 출현 배경에는 앞서 설명한 이슬람 부흥 운동과 경제적 발전, 여성의 고등교육 확대와 사회진출 등 팝 이슬람 문화적 배경 외에 인터넷 정보통신 발전의 영향이 크다. 전통적으로 인도네시아 이슬람 사회에서 히잡 착용은 극소수의 제한적인 집단에서만 이루어졌다. 대다수 지역에서 여성은 팔과 다리, 목, 머리카락 등이 노출되는 옷을 입었으며, 자신을 아름답게 꾸미고 드러내려는 욕구를 당연시했다.

이러한 상황은 앞서 설명한 대로 1970~80년대를 거치며 인도네시아, 말레이시아의 새로운 이슬람화(Islamization) 움직임이 가속화되자 여성의 의복에도 변화가 시작되었다. 이슬람 교리라는 렌즈를 통해 여성의 복장을 바라보게 되자 히잡 착용의 필요성이 대두되었고, 히잡을 착용하는 여성들이 점점 늘어나게 되었다.

일부 젊은 여성을 중심으로 히잡 착용이 가시화되자 인도네시아 정부는 민감하게 반응했다. 교육부는 교복 관련 훈령을 1982년에 제정하여 공립학교에서의 히잡 착용을 불허했다. 하지만 정부의 반(反)히잡 태도는 오래 지속되지 않았다. 1990년대 접어들어 수하르토(Haji Mohammad Soeharto) 대통령이 이슬람 세력을 포섭하려는 방향으로 정책을 선회한 후 학교에서의 히잡 착용이 용인되었다. 이는 이슬람에 대한 정부 정책의 전환을 시사하는 것으로 받아들여졌고, 대학교에서의 이슬람 활동이 활발해 졌다.

이슬람 활동에 많은 여학생이 참여하면서 히잡 착용은 더욱 확대되었다. 강력한 종교적 신념과 연결되었기 때문에 이들에게 있어 히잡은 복장 이상의 의미, 즉 이슬람 교리의 수용과 엄격한 실천을 상징했다. 히잡 착용 여성은 종교적으로 요구되는 도덕성과 가치를 실현하고자 노력했다(Brenner 1996: 688).

1998년 수하르토의 30년 장기 집권 체제가 무너진 후 지속된 정치적 혼란기는 두 가지 이유에 의해 히잡 착용이 확산되었다.

첫째로, 종교적 정체성 표현이 자유로워짐에 따라 히잡 착용을 망설이던 여성, 특히 고학력 사무직 여성들이 당당하게 자신의 정체성을 표현하는 수단의 이유이다.

둘째로, 공권력 약화에 따른 치안 불안 속에서 히잡이 여성을 성범죄로부터 보호하는 수단으로 이용되기 때문에 인기가 높아졌다.

중년층이 포함된 전문직 고학력 화이트 칼라 여성, 그리고 젊은 여성 사이에서 히잡 착용이 확대되자 히잡의 긍정적 이미지, 즉 '도시의 배운 여성, 전문직 여성, 세련된 현대 여성'이라는 이미지가 투영되어 히잡 착용 여성이 증가했다.

2000년대에 접어들면서 이러한 증가세는 주도적인 흐름으로 전환되어 여대생들 사이에서 히잡이 교복처럼 여겨지는 상황이 발생할 정도였다(Smith-Hefner, 2007). 히잡이 인기를 끌자 여대생을 중심으로 하여 히잡을 일상복과 함께 착용하는 스타일이 대두되었다.

2010년대에는 히잡을 둘러싼 또 다른 새로운 변화가 나타났다. 팝 이슬람 등장 이후인 2010년에는 '히자버(hijaber)'라는 이름을 내세운 히잡을 쓴 여성들의 집단이 온라인을 중심으로 출현하여 활동한 것이다.

과거와 달리 무슬림 여성의 '미적 표현'을 옹호하고 지지하는 단체로 '패션으로서의 히잡'을 설파했다. 히자버(hijaber)라 자신들을 칭했던 이들은 '히자버 커뮤니티(Hijaber Community: HC'라는 단체를 통해 조직적 활동하였다. 화려한 복장, 다양한 히잡 스타일, 코즈모폴리탄적 생활양식을 특징으로 했던 히자버의 핵심 그룹은 패션 디자이너, 연예인, 방송인이었다. 이들의 활동이 미디어에 의해 호의적으로 소개되면서 히자버는 선풍적인 인기를 끌었고, 히잡 관련 패션 활동이 다양하게 전개되었다. 그들은 온라인 통해 인도네시아에 히자버 커뮤니티(Hijabers

Community)의 공동체를 결성하고 무슬림 여성들에게 패션으로서 히잡을 지향하며 트렌드에 맞는 패션 스타일링 정보를 제안하였다(Agustina, 2015).

팝 이슬람(Pop Islam)과 히자버의 등장으로 인도네시아의 무슬림 여대생들은 "히잡을 쓰니 멋지다(It is cool to wear the hijab)."라고 말한다. 그리고 무슬림 여대생은 '이슬람은 민주적이다'라는 것을 잘 알고 있다(Wagner et al., 2012).

결국 서구의 시각에서는 히잡의 착용에 대해 '억압이나 종교적 근본주의자'로 인식하는 편견과 달리 팝 이슬람 시대의 동남아시아 무슬림 여성들의 히잡 착용을 '자신을 나타내는 아이템'으로서 '스스로 선택'하는 것이라 볼 수 있다(Lee & Park, 2020).

히자버 커뮤니티의 등장은 인도네시아의 젊은 세대들의 '글로벌화에 대한 요구'인 동시에 '모더니티의 결합'이었고 시기적으로 그 등장은 절묘했다. 종교적 복종이라는 본래의 의미에 덧붙여져 스스로의 라이프 스타일을 표현한다는 의미, 그리고 패션성이 부여된 멋진 스타일을 갖춘 의미까지 합쳐져 히잡이 갖는 의미는 확대되었다.

젊은 무슬림 여성들의 히잡 착용에는 모던하고 뉴 스타일이며 트렌드를 따르면서 여전히 샤리아(Sharia: 코란과 무함마드의 가르침에 기초한 이슬람의 법률)에 순종한다는 의미가 담겨 있다 (Agustina, 2015).

이슬람 율법을 떠나지 않으면서 종교적으로 선하고 아름다운 라이프 스타일로 이끌어가는 것이 히자버 커뮤니티의 기본이다. 히자버의 유행에 따라 히잡을 통해 자신의 종교적 성향과 미적 취향을 동시에 표현할 방식이 다양해졌다. 이와 동시에 히잡에 대한 대중적 관심의 확대는 여성의 복장에 대한 종교적 해석과 적용에도 변화를 가져왔다.

히자버 커뮤니티 행사와 회원들(hijaberscommunity.id)

이들의 등장과 교리적 근거에 대해 인류학자 김형준은 다음과 같이 설명한다.

"이들이 주목한 교리는 하디스(Hadith)에 기록된 무함마드(Muhammad)의 언설, 즉 '알라는 아름답고, 아름다움을 사랑한다'였다. 미적 추구를 용인하는 다른 하디스 기록 역시 이용되었는데, 그중 하나는 아름다운 옷과 신발을 좋아하는 행동이 알라에 의해 용인됨을 지적한 무함마드의 설명이었다. 이러한 자료는 아름다움의 추구가 이슬람에서 허용, 권장되는 행위임을 보여주는 근거로 이용되었고, 패션으로서의 히잡이 이슬람의 틀 내에 존재하고 있음을 뒷받침하기 위해 활용되었다"(Kim, 2018).

히자버들은 자신의 그룹에 자주 제기되는 부정적인 견해를 해체하려고 노력하고, 인도네시아의 무슬림 여성들로부터 긍정적인 반응을 얻기 위해, 의복과 히잡의 아름다운 조화를 위해 색상의 선택을 보여주며, 모던 무슬림 여성에게 조금 더 우아하고 세련되며 컬러풀한 모습을 제안하였다(Agustina, 2015). 이를 통해 매우 높은 수준의 자신감을 부여했다. 그러나 무슬림 여성 전체를 타깃으로 하는 것은 분명 아닌 것으로 보인다. 히자버들이 추구하고 보여주는 것은 중상층의 모던한 라이프 스타일로 해석이 된다. 따라서 히자버는 하나의 트렌드이자 도시 라이프 스타일의 표현이다.

패션으로서의 히잡을 추구하는 히자버들은 히잡 착용의 핵심을 알라의 명령을 따르는 의도로 여긴다. 겉모습만으로 자신들을 평가하는 일이 부적절하다는 것이다. 의도를 강조함으로써 이들은 자신들에게 제기된 비판에서 벗어나고자 했다. 패션으로서의 히잡이 아름다움을 드러내고 주변의 관심을 끌어냄으로써 '이성에 대한 유혹 금지'라는 히잡 착용의 취지에 위배된다는 식의 비판에 대해 이들은 차림새가 옷을 입는 사람 자신과 관련되며 패션을 통한 자기표현이 인간의 자연스러운 의사소통 행위의 하나라고 대응했다.

히자버들은 아름다움이 내면적인 차원과 외면적인 차원의 결합을 통해 표현된다고 주장했다. 이는 현대 패션의 유행이 가지고 있는 기표와 기의의 문제와 일치된다. 내적 아름다움은 종교적으로 요구되는 다양한 덕목을 포함하는데, 좋은 심성, 품성, 성격을 일컫는 아랍어 '악흐락'(akhlak)이 이용되었다.

"악흐락은 바로 우리가 입는 옷이다"(Dian, 2014).

히자버에 따르면 내적인 미는 외적인 미에 의해 뒷받침되어야 한다. 외적인 미의 핵심이 무엇인지는 구체적으로 정의되지 않지만, 그것을 설명하는 과정에서 '조화로움(harmony)'이 강조된다. 개인과 잘 어울리는 옷과 치장이 외적인 미의 핵심이라는 것이다.

조화로움은 옷의 실루엣, 소재, 색채, 소재 등 모든 것을 포함한다. 그리고 옷과 히잡, 입는 사람과 얼굴, 화장과 신발, 가방 등 모든 요소들의 조화가 전제된다. 히자버들의 조화로움에 집중하는 것은 실제 인도네시아와 말레이시아 무슬림 여성 소비자들을 대상으로 한 조사에서도 나타나듯이 머리의 히잡에서부터 발에 신는 신발에 이르기까지 전체의 외관이 조화를 이루는 스타일링을 중요하게 생각하는 점에서도 드러나는 매우 중요한 기준이다. 그리고 이러한 조화는 색상의 관점에도 반영되어 색의 사용이 자유롭게 확대되어 제시되었다. 특히 무슬림 여성들은 머리카락을 감추는 히잡이 바로 헤어의 역할을 하게 된다. 따라서 다양한 히잡의 연출법(마치 헤어스타일링을 하듯이)과 히잡 위에 모자를 스타일링 하는 것, 히잡 위로 귀걸이나 목걸이를 하고 선글라스를 착용하는 모든 것이 하모니를 이루어야 한다. 이전 시대의 무슬림 여성들은 거의 화장을 하지 않았다. 히자버들과 이들의 추종자들은 할랄 마스카라, 할랄 파우더, 할랄 립스틱을 사서 화장을 한다.

히자버 커뮤니티의 활동은 지역의 봉사활동, 자선행사까지 포함하며 아름다운 외모와 선한 행동을 함께 포함시켰다. 이러한 히자버들의 패션 트렌드성과 활동은 새로운 소비자들에게 직접적인 영향을 미치며 히자버 패션은 이슬람 문화와 소비문화로 연계되어 히자버 트렌드로 정착되고 있다.

히자버에 대한 긍정과 부정의 평가는 있다. 그러나 패션디자이너, 연예인, 사회적 명성이 있는 소위 현대적 신여성들의 글로벌 트렌드의 수용이 자본과 연계되어 비즈니스로 향한다는 다소 부정적 시각이 있다 하더라도 한 사회의 변화를 이끄는 패션 리더들의 집단인 것은 맞다. 다른 문화권과의 차이가 있다면 자기표현의 정체성과 서구적 글로벌리즘의 욕구와 함께 종교적 신실성을 기반에 두고 있다는 점일 것이다.

Agustina(2015)는 히자버 커뮤니티가 인도네시아 히자버의 트렌드를 보여주는 가장 스타일리쉬하고 패셔너블한 집단이라 지적한다. 이들은 패션 트렌드와 함께 그들의 종교적 교리도 여전히 따르고 있어 이 공동체의 행보를 긍정적인 방향으로 보고 있다. 더불어 무슬림 패션은 빠르게 성장하고 있고, 히자버 커뮤니티가 히잡 자체를 패션의 가치로 만들어내어 히잡의 의미에 변화가 일어났음을 밝히고 있다.

따라서 히자버들의 출현과 이들이 제시하는 것은 이슬람 기반의 새로운 라이프 스타일의 적극적인 표현일 것이다. 히자버는 하나의 트렌드이다. 그리고 히자버들의 패션은 일종의 대중과의 소통이며 모던 여성의 표현인 것이다.

★ 인도네시아의 쇼핑몰에서 만난 시크한 히자버

말레이시아 셀러브리티 닐놀파가
2020 S/S 밀라노 패션위크
페라가모와 구치의 패션 쇼에 나타나다

제3장

패션 인플루언서
히자비스타(Hijabista)

1

SNS와 히자비스타,
일과 라이프 스타일, 그리고 패션

SNS와 히자비스타

히자비스타(hijabista)란 히잡(hijab)과 패션니스타(fashionista)의 합성어이다. 히잡을 착용한 온라인 패션 인플루언서가 주목을 받으면서 생겨난 신조어이다. 모디스트 패션 트렌드와 함께 등장한 신조어에는 '히자비스타(hijabista)' 외에 히잡을 쓴 힙(hip)한 여성 무슬림이란 뜻의 '힙스터 히자비'(hipster hijabis : 유행에 밝은 무슬림 여성)라는 용어도 있다.

히자비스타는 온라인활동을 하며 자신의 종교적 신념에 따른 옷차림을 하지만 개성에 따라 세련된 패션 스타일을 연출하는 무슬림 여성을 지칭하는 말로 일반화되었다, 히자비스타나 힙스터 히자비는 무슬림 전통의 보수적인 드레스 코드를 새로운 시대에 맞게 재해석하고 있다. 감각적인 패션 스타일을 연출하고 히잡을 여성의 아름다움을 감추는 아이템이 아닌 창의적인 패션 스타일을 위한 하나의 아이템으로 재인식하는 등 신앙과 패션 감각의 조화를 통해 새로운 패션 스타일을 연출하는 여성을 의미한다 (Batrawy, 2018. 10. 9).

히잡의 착용은 종교적 이유가 기본이다. 그러나 가능하면 좀 더 아름답게 히잡을 착용하고자 하는 무슬림 여성들이 증가하면서 패션 인플루언서인 히자비스타들의 패션은 이들에게 커다란 영향을 주고 있다. 히자비스타들은 현대 무슬림 여성들의 자유로운 패션 욕구를 기반으로 종교적인 신념과 글로벌 패션 트렌드를 융합하고 있다. 결국 히자비스타들은 동남아시아 무슬림 여성들의 의복을 패션화하고 세계화하는 역할을 하고 있다(Lee & Park, 2020).

Blommaert and Varis는 세계적으로 히잡패션이 등장하는 배경에 대해 "복장에 있어서 종교에 의해 규범을 따르면서, 동시에 패셔너블하게 옷을 입거나 유행하는 옷을 디자인하는 이슬람 여성인 히자비스타의 등장과 그들의 수가 매우 증가하는 데 그 이유가 있다."고 하였다(as cited in Hassan & Harun, 2016).

　히잡이 패션의 영역으로 들어와서 패션화되는 과정에는 의식 있는 히자버들과 패션 리더로서 히자비스타의 역할이 크다. 그리고 히자비스타들의 패션이 젊은 무슬림 여성에게 빠르게 확산될 수 있었던 이유는 급속도로 증가하고 있는 인터넷 보급이 있었기 때문이다(KOTRA, 2019a). 이로 인해 페이스북, 유튜브, 인스타그램 등과 같은 SNS의 사용 또한 급속히 늘어났고, 히자버들은 새롭고 다양한 히잡 착용법과 독특한 그들의 패션을 SNS를 통해 실시간으로 대중과 공유할 수 있었다. 모바일과 인터넷의 발달로 소셜미디어를 통해 정보를 쉽게 접할 수 있는 시대가 되면서 현대 이슬람 여성들은 세계의 최신 트렌드를 쉽게 따라잡을 수 있게 되었고, 지금은 좀 더 트렌디하고 스타일리시한 형태의 히잡 패션의 착용도 허용되고 있다(Hassan & Harun, 2016).

　히자비스타들은 자신의 무슬림으로서의 정체성과 패션성을 대중에게 표현하기 위해 히잡을 패셔너블하게 활용하며 시대를 앞서가는 여성으로 보이는 것을 목표로 한다. 다양한 SNS 채널을 기반으로 등장한 히자비스타는 자신의 히잡 패션을 SNS에 실시간 공유하고, 활발한 패션미디어로서 인터넷을 활용하여 글로벌 패션 트렌드에 맞는 무슬림 패션스타일링을 제안하는 것이다.

　대표적인 히자비스타로는 인도네시아의 모디스트 패션 디자이너로 활동하며, 히자버 커뮤니티(HC)의 창단을 이끌었던 '디안 쁠랑이(Dian Pelangi)'와 말레이시아의 배우이자 글로벌 럭셔리 패션브랜드의 관심을 받으며 패션 컬렉션 참여 등 세계적 활동을 하고 있는 '닐놀파(Neelofa)'가 있다.

　무슬림 패션은 히자비스타들의 활동과 그들의 패션을 통해 그동안 받아온 편견이나 차별적 시선에서 벗어나 모디스트 패션 (modest fashion)이라는 패션 트렌드를 형성하며 새로운 스타일로 주목받고 있다(S. Kim, 2018). 따라서 무슬림 여성들의 패션 변화에 크게 영향을 미치고 있는 히자비스타들의 패션 특성을 SNS를 통해 살펴보아야 한다. SNS의 활동에는 그들의 라이프 스타일이 함께 공유되기 때문에 패션 컬렉션이나 런웨이에서 패션 트렌드를 몇 시즌 앞당겨 제시하거나 하나의 디자인 브랜드의 제품을 보여주는 것과 다르다. 자신들의 현실에서의 삶과 함께 패션을 제시하고 있어 매우 친근하며 현실적이기 때문이다.

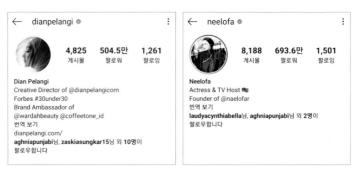

인도네시아 히자비스타
디안 뻴랑이의 인스타그램
(www.instagram.com)

말레이시아 히자비스타
닐로파의 인스타그램
(www.instagram.com)

말레이시아와 인도네시아 패션 인플루언서인 히자비스타들의
패션에 대한 연구(Park & Jang, 2020)에서는 종교적 상징인 히
잡과 최신의 패션 의복 아이템을 분석하여 이슬람의 규범을 착
실히 따르면서도 매우 글로벌한 럭셔리 패션 트렌드를 지향하고
있음을 지적한 바 있다. 그리고 무슬림 여성 소비자들은 제품 구
매를 위한 정보탐색부터 구매와 구매 후 행동에 대한 연구에서
(Ryou & Ahn, 2019)는 이동성이나 즉시성, 상호 작용성이라는
모바일 특성을 이용하여 적절한 대안을 찾아내고, 이에 대한 경
험을 타인과 공유하며, 때로는 온, 오프라인과 국경을 넘나드는
다양한 쇼핑 패턴을 통해 소비자 행동이 질적, 양적으로 변화하
고 있다고 말한다. 따라서 이러한 무슬림 소비자들에게 히자비스

★ 히자비스타 디자이너 디안 쁠랑이의 이름이 새겨진
코트(반둥 쇼핑몰)

타들이 보여주는 매우 다양한 컬러, 패션 아이템과 최신의 트렌
드 그리고 히잡의 스타일링은 따라 하고 싶은 욕망과 사고 싶은
소비의 욕구를 불러일으킨다.

히잡 착용 방식의 다양화, 길이의 변화 및 목걸이, 귀걸이, 시
계, 반지, 브로치 등의 화려하고 다양한 액세서리 활용을 통해 히
잡의 감각적인 이미지를 자신 있게 보여준다. 하지만 Hassan &

Harun(2016)의 설명처럼 이들이 지켜야 할 분명한 선이 있다. 즉 트렌디하고 개성 있는 히잡 패션은 허용이 되지만, 종교적 정체성을 위반해서는 안 된다는 점이다. 히자비스타들은 이 점을 너무나 잘 알고 있다. 그것이 그들의 존재의 기반이기 때문이다.

히자비스타의 패션스타일링은 수많은 무슬림 여성들에게 히잡 패션 스타일의 영감을 준다. 이슬람의 종교적 정체성을 포함한 쇼핑 뉴스, 패션 트렌드, 스타일 조언, 스타일링 아이디어, 쇼핑 장소 등 새로운 정보를 제공한다. 무슬림 여성이 현대 여성으로서 자신 있고 아름답게 표현할 수 있도록 한다.

인도네시아와 말레이시아를 중심으로 한 유명 연예인, 인플루언서 히자비스타들의 SNS활동은 무슬림 여성들뿐 아니라, 비무슬림권에서도 히잡 패션에 대한 긍정적 시각을 형성하는 중요한 역할을 하고 있다. 많은 수의 팔로워(follower)를 보유하고 있는 인플루언서는 대중들과 실시간 커뮤니케이션을 하므로 그들이 제공하는 정보는 다수의 SNS 참여자에게 영향(Kim & Choo, 2019)을 미치고 있다. 이제 SNS는 어떠한 매체보다도 중요하며 긍정적으로 패션 정보제공자의 역할을 하는 것이다.

동남아시아의 제2차 이슬람 부흥 운동을 기점으로 대중적인 새로운 이슬람 생활문화인 팝 이슬람 문화는 히잡을 종교적인 이유와 전통적인 착의 방식으로 생각했던 과거와는 다른 이미지로 변하게 하였다. 특히 고학력, 중산층, 사회적 활동이 활발한 중산계층 여성들의 현대적 의식 변화를 유도했고 글로벌화를 지향하도록 하였다. 이러한 사회문화적 변화 속에서 히자버 커뮤니티와 같은 공동의 모임을 통해 점차 히잡을 긍정적으로 착용하면서 동시에 세계적 패션성을 지향하는 방향으로 변화한 것이다. 이제 이러한 변화의 중심에 있는 패션 인플루언서 히자비스타들을 주목하게 되었다.

히자비스타들의 패션 디자인 특성

히자비스타는 소셜 인플루언서(Social Influencer)이다. 인플루언서(Influencer)는 타인에게 영향력을 끼치는 사람(Influence+er)이라는 뜻의 신조어이다. 이미 전 세계 각국에는 인플루언서들의 활동으로 모든 소비와 마케팅이 진행되고 있다. 인도네시아와 말레이시아의 히자비스타들은 이미 외모나 사회적 활동이 왕성한 인기 스타들로 시작되었다. 다양한 모바일 채널에서 대도시의 대중들에게 라이프 스타일과 트렌드를 리드하며 대중에게 영향력을 미치고 있다.

도시의 히자버들이 서구화된 취향과 소비문화에 관심이 많아지는 시점에서 히자비스타들의 적절한 등장은 젊은 무슬림 히자버들에게 영향력을 끼치며 새로운 유행을 이끌고 있다. 따라서 패션 기업과 화장품 기업들을 비롯한 트렌드 산업의 기업들은 팬덤을 형성하고 있는 히자비스타들을 통해 새로운 트렌드나 상품의 홍보 및 마케팅을 시작하였다.

히자비스타들은 대부분 일상생활, 여행, 사회활동에서 사진과 동영상을 통해 자신이 사용하는 제품이나 자신들의 패션 아이템을 소비자들과 공유한다. 특히 인스타그램은 스마트 모바일 폰에 최적화되어 밀레니얼 세대가 주로 사용하며, 비주얼적 요소로 바이럴 효과를 기대할 수 있다는 장점이 있다(Kim, 2018).

이러한 배경에서 히자비스타들이 제시하는 패션 이미지는 어떤 것인지 2019년 히자비스타들의 인스타그램 사진을 중심으로 살펴보자. 패션 이미지의 범주는 일반적으로 클래식, 엘레강스, 모던, 로맨틱, 매니시, 스포티브, 에스닉, 아방가르드 등 8가지 이미지(Park, Lee, Yum, Choi, & Park, 2006)로 분석 기준을 설정한다. 이 기준에 의해 살펴본 결과, 인스타그램에 나타나는 인도네시아, 말레이시아 히자비스타들의 패션 이미지는 주로 스포티브 이미지와 엘레강스 이미지가 가장 많이 나타난다[3].

SNS 공간에서는 특히 그들의 라이프 스타일을 보여주며 히자비스타들은 패션과 라이프 인플루언서로서 여행, 휴가, 고급스럽고 자유로운 일상의 모습을 공유하기에 스포티한 패션이 많이 나타나는 것으로 이해된다. 그리고 이들 히자비스타들은 모두 패션 뷰티 비즈니스, 엔터테인먼트 연예활동 등의 전문적인 일을 하는 여성들이기에 SNS 공간에서의 일하는 여성의 이미지로 나타나 도시적이고 고급스러우며 엘레강스한 이미지가 많은 부분 나타난 것으로 해석이 된다.

스포티브한 이미지에 어울리는 셔츠, 티셔츠, 후드티에 히잡과 선글라스를 착용하고 캐주얼한 신발과 편한 바지 혹은 레깅스와 레이어드된 스커트는 매우 편안해 보인다. 여기에 캐주얼 가방을 매치하여 토털 룩을 제시하고 있다. 그런가 하면 공식적인 행사나 전문적인 일하는 여성의 모습을 보여주는 장소에서는 보다 포멀하고 고급스러운 패션으로 토털룩을 보여주고 있다.

---

3. 본 내용은 박혜원, 장선우(2020). 〈소셜 미디어를 통한 동남아시아 히자비스타(Hijabista)의 패션 특성 연구 ─ 인도네시아, 말레이시아를 중심으로─〉, 《패션비즈니스》 24(3) 논문의 일부이다.

스포티한 캐주얼 이미지의 히자비스타
(www.instagram.com)

엘레강스한 이미지를 보여주는 히자비스타
(www.instagram.com)

다른 나라의 도시를 배경으로 포즈를 취한
히자비스타들의 모던 이미지 (www.instagram.com)

한편 도시를 배경으로 가령 스트리트나 유명한 건물을 배경으로 출장이나 여행 등 세계 곳곳에서 당당히 일하는 여성으로서의 모던한 이미지를 보여주기도 한다. 다른 나라의 도시에서 포즈를 취한 경우에는 겨울의 스타일링도 제시되어 인도네시아나 말레이시아와 같은 더운 나라와 다른 이국적 느낌을 표현한다.

히자비스타들의 인스타그램에는 모든 사진에 히잡을 쓰고 있으며 히잡은 가슴을 덮는 긴 히잡과 목까지 오는 짧은 히잡 그리고 머리만 덮는 터번의 세 가지 유형이 보인다. 히자비스타의 인스타그램 사진에 나타난 히잡은 대부분 머리에서 목까지 가리는 형태의 단순한 짧은 히잡이 대부분이며 다음으로 머리만 감추는 터번 형태가 특별한 느낌으로 보이며 가장 보수적이고 은폐적인 형태의 긴 히잡은 종교적인 활동이나 행사에서 전통적이거나 신실한 이미지 스타일로 제시된다.

이는 무슬림 여성에 대한 종교적 규율이 엄격한 이슬람 국가나 민족의 경우 손과 얼굴을 제외한 머리부터 발끝까지의 모든 부분을 가리는(Kwon, 2017) 소위 전통적 무슬림 여성들의 부르카, 니캅, 차도르와 달리, 인도네시아와 말레이시아의 히자비스타들의 사진 속 히잡은 비교적 개방적이고 가벼운 스타일을 많이 착용하고 있음을 알 수 있다. 그러나 히자비스타들이 모두 100% 히잡을 착용하였다는 점은 무슬림 여성이라는 종교적 정체성과 상징은 철저히 지키고 있음을 의미한다고 하겠다.

결국, 형태적으로 개방되고 스타일리시한 것은 인플루언서로서의 히자비스타들의 패션성을 보여주고 있으며 동시에 종교적 정체성은 분명히 보여준다. 이슬람 부흥 운동의 결과 여성들이 베일 착용을 더욱 적극적으로 착용하여 이슬람의 정체성은 강조하는 동시에 세계화의 트렌드를 수용하여 융합하는 현상이라는 선행연구 결과(Kim & Hong, 2014; Lee & Park, 2020)를 뒷받침하는 사례를 확인할 수 있다.

따라서 인스타그램에서 히자비스타들이 100% 히잡을 착용하지만, 히잡이 다양하고 터번을 포함한 간소화된 짧은 히잡의 착용이 대부분인 것은 패션성과 현대적 표현의 유연함을 보여주는 것이다. 히자비스타들이 착용한 의복의 아이템으로는 티셔츠, 셔츠 & 블라우스, 재킷, 점퍼, 카디건, 가운, 베스트, 팬츠, 스커트, 레깅스, 원피스 등 매우 다양하였다. 특히 팬츠와 티셔츠의 착용이 눈에 띄게 많았는데, 이는 앞서 살펴본 것처럼 스포티브 이미지가 가장 많았던 점과 관련이 있다고 보인다. 간편하고 캐주얼한 의복이 많이 착용 되는 것이라 하겠다.

의복 아이템을 살펴보면서 눈여겨볼 부분은 인도네시아와 말레이시아는 연중기온이 높은 지역임에도 불구하고 SNS의 히자비스타들의 패션은 매우 다양한 아이템이 나타났다는 점이다. 그 중에는 재킷, 점퍼, 카디건과 같은 가을, 겨울용 아우터들도 눈에 띈다. 이는 일반인들의 일상 의복과 달리 히자비스타들의 라이프 스타일을 공유하는 인스타그램이기에 패션 스타일 제시의 목적으로 그리고 실내 냉방환경의 일상생활이나 추운 나라로 여행이나 비즈니스로 방문한 상황 등 그들의 라이프스타일을 보여주기 때문이다. 이러한 다양한 기후에 맞는 패션의 제시는 글로벌 패션 트렌드를 최대한 보여줄 수 있는 기회이자 일반 대중들의 흥미와 관심을 끌기에 적합할 것이다.

흥미로운 것은 롱 드레스처럼 스커트 아이템들이 팬츠와 비교해 매우 적게 나타났다. 이에 반해 팬츠가 상당히 많이 나타나는데 그 형태도 실루엣이 매우 다양하게 나타나고 있다. 오히려 스커트 아이템이 적은 것은 모던한 대도시의 시크한 전문적 여성의 이미지가 여성스러운 이미지보다 많이 나타나기 때문으로 보인다.

맨다리가 노출되는 반바지나 짧은 치마는 전혀 나타나지 않지만, 레깅스로 스커트와 레이어드 함으로써 자유로운 코디네이트를 보여주고 있다. 그러나 레깅스의 착용이 단독으로 사용되지 않은 점 또한 중요하다. 레깅스는 일반적으로 맨다리를 커버하여 피부 노출은 최소화하지만, 몸매를 드러내는 특징이 있는데 히자비스타들의 레깅스 착용은 롱스커트 등과의 레이어드룩으로 표현하고 있다. 이는 최근 글로벌 트렌드의 애슬레저 룩(Athleisure Look)의 대표 아이템인 레깅스 유행(Fisher, 2017, 2020)을 히자비스타들도 수용하여 착용하되 이슬람 교리에 순종하는 신체 은폐를 함께 융합하는 자기들의 방식일 것이다. 최근 패션 트렌드와 종교적 교리를 함께 따르는 경향이 나타나는 이슬람 공동체 행보(Agustina, 2015)의 예를 히자비스타들의 패션에서 확인할 수 있는 것이다.

결국, 히자비스타들의 의복 아이템은 스포티브한 패션 이미지를 형성하는 간편한 캐주얼 티셔츠와 딱 붙지 않는 팬츠가 가장 많다. 계절과 상관없이 아우터도 자주 보이고, 긴 스커트와 레깅스의 레이어드 스타일링 등 다양하고 트렌디한 모습이다. 히잡은 전부 착용하였고 대부분은 간편하고 개방적인 형태의 히잡과 터번이 나타났다. 히자비스타들의 패션은 종교적 정체성과 패션 트렌드가 항상 공존하는 모습으로 등장하고 있다.

히자비스타들이 착용한 패션에서 주목되는 것은 색채이다. 의복의 색은 유채색과 무채색 계열이 골고루 잘 나타난다. 히잡의 색상은 블랙이 가장 많이 보이며 의복의 색상과 유사한 색상들과 조화를 이룬다. 흰색도 많이 보이나 그린이나 퍼플계는 많이 나타나지 않고 있다. 더운 지역의 영향으로 흰색 옷을 선호한 것으로 생각되는데 흰색은 베일의 색상보다 주로 의복의 색상으로 활용되는 것으로 생각할 수 있다.

무슬림의 율법에서 강조한 '조화로움'의 가치를 실행하는 것처럼 히잡, 의복. 기타 액세서리에서 동일 색상, 유사색상의 코디네이션을 통한 스타일링의 조화가 히자비스타들의 패션 특징이다. 색상뿐 아니라, 톤의 경우에도 무채색의 그레이시 톤, 소프트 톤 등 밝고 부드러운 색채 톤으로 조화롭고 밝은 느낌을 표현한다. 히잡과 의복 모두 뉴트럴 톤이 많이 등장함을 알 수 있다. 히잡과 의복 색채에 있어 동일 톤, 유사 톤의 조화로운 착장법이 두드러진다.

인도네시아와 말레이시아의 히자비스타들의 패션에서는 의복과 히잡에 모두 검은색 사용이 빈번히 나타나는데 다음으로 의복에서의 흰색의 빈도가 높은 것을 제외하면 전체적으로 난색계의 밝고 연한 부드러운 느낌의 색채들이 의복과 히잡에 나타나는 특징이다. 그러나 히잡의 색채는 의복 색채와 비교해 약간 명도가 높고 채도는 낮아 너무 강하도 선명한 색채는 많이 보이지 않는다.

히자비스타들의 패션에서 중요한 특징 중 하나는 대부분 무늬 없는 의복을 입고 있다는 것이다. 더운 지역에서는 트로피컬한 프린트나 바틱과 같은 전통적인 무늬에 의한 에스닉 룩이 예상되나 실제로는 그렇지 않다. 히잡에서는 더욱이 무늬가 없는 단색이 대부분이다. 의복에서 무늬의 활용은 히잡과 비교해 조금 보이긴 하지만 드물다. 이는 말레이시아 소비자들을 대상으로 연구한 디자인 선호(Jang & Park, 2021)에서도 대부분이 무늬가 없는 단색의 직물을 선호한다는 점과 유사하다. 무늬가 있는 경우에도 기하학무늬나 티셔츠의 캐릭터 무늬가 조금 나타나는 정도이다. 이 또한 소비자들의 디자인 선호 결과와 히자비스타들의 패션의 특징과 유사한 결과이다. 이슬람 교리에 의하면 의복에는 식물 외에는 생명이 없는 대상만을 그리도록 허락하고 있다(Kim, 2004)는 점으로 미루어보아 히잡과 의복 모두에서 대체로 무늬가 없는 것을 선호하고 무늬의 경우 식물, 추상, 기하학무늬 등이 조금 사용되는 것으로 보인다.

무늬가 없는 직물의 사용이 많기에 직물의 색채에 대한 관심과 색채에 대한 조화에 집중하는 경향이 강하다는 것으로 이해된다. 소재의 무늬 다양성이 적고 활용도가 적다는 것은 오히려 디자인의 다른 측면, 가령 색채나 형태에 집중하는 패션 특성이 보인다. 이러한 색채조화 집중현상은 모던이미지나 스포티브한 캐주얼 이미지가 많았던 것과 함께 히자비스타들의 패션 특성이다.

2

인도네시아 히자비스타
: 디안 쁠랑이, 자스키아 숭까르, 자스키아 아디아 메카

인도네시아의 대표적 히자비스타로는 디안 쁠랑이(DianPelangi), 자스키아 숭까르(Zaskia Sungkar), 자스키아 아디아 메카(Zaskia Adya Mecca) 등이 있다.

인도네시아의 패션 인플루언서 히자비스타 3인 중 디안 쁠랑이는 인도네시아의 패션 디자이너로 히자버 커뮤니티(HC)의 창단 멤버이기도 하였다. 그녀는 인스타그램에 516만 명 이상의 팔로워를 보유하고 있는 셀럽이다. 그리고 자신의 패션 브랜드를 가지고 있으며 화장품 브랜드 홍보대사이기도 하다. 2012년 『Hijab Street Style』이란 책을 출판하며 많은 인도네시아 무슬림 여성들에게 인생과 패션의 롤 모델이 되었다.

자키아 성카르는 2,538만 명의 인스타그램 팔로워를 가진 영향력 있는 인도네시아의 여배우로, 가수이자 패션 디자이너로도 활동하고 있다. 자키아 아디아 메카는 인도네시아의 유명한 여배우로 2858만 명의 인스타그램 팔로워를 가지고 있다.

최근 이들 세 명의 히자비스타들이 모두 결혼을 하여 젊은 여성들에게 또 한 번의 센세이션을 일으켰다. 곧이어 이들은 자녀들을 출산하였고 이제는 패션 스타일 뿐 아니라, 가정의 엄마로서 육아와 관련된 라이프 스타일 사진을 공유하고 있다. 아기와 함께 하는 성실한 무슬림 신세대 여성으로서 유아복과 여성복의 패션 또한 리드하고 있다.

username
World

• • •

뉴욕에서의 패션디자이너 디안 쁠랑이(www.instagram.com)

딸과 함께하는 스포츠 패션 / 샤넬 클래식 룩
(www.instagram.com)

username
World

진한 화장의 자스키아 숭까르(www.instagram.com)

username
World

1/5

ukkasyahki

아이와 함께하는 숭까르(www.instagram.com)

부드러운 파스텔 색조의 배색으로 스타일링한 숭까르
(www.instagram.com)

username
World

#meccanismwithyou

캐주얼한 이지 웨어를 입은 자스키아 아디아 메카
(www.instagram.com)

사랑스럽게 아이를 앉고 있는 자스키아 아디아 메카
(www.instagram.com)

username
World

운동화의 편안함을 보여주는 일상의 자스키아 아디아 메카
(www.instagram.com)

3

말레이시아 히자비스타

: 노르 닐놀파 모함마드 노르, 비비 유소프, 유나 자레이

말레이시아의 대표적 히자비스타로는 노르 닐놀파 모함마드 노르(Noor Neelofa Mohd Noor), 비비 유소프(Vivy Yusof), 유나 자레이(Yuna Zarai)등이 꼽힌다.

말레이시아에서 유명한 배우이자 모델로 활동하는 닐놀파(Neelofa)는 6.8백만 명의 SNS 팔로워를 보유하고 있다. 말레이시아의 히자비스타인 비비 유소프(Vivy Yusof)는 베테랑 패션 블로거로 개인 블로그를 통해 자신의 삶을 공유하며 활발한 패션 사업을 펼쳤다. 그녀는 말레이시아 젊은 여성들 사이에서 엄청난 영향력이 있다. 유나(Yuna Zarai)는 말레이시아 싱어송라이터로 현재 미국에서 활동하며 세계적으로 활동하는 히자비스타이며 자신의 홈페이지를 통해 자신이 공연에서 착용했던 패션 아이템을 판매하기도 한다.

히자비스타는 대중에게 모디스트 패션을 깊이 인식할 수 있도록 하고 트렌드를 따르는 것 이상 현대 라이프 스타일에 자신의 삶의 가치를 제시한다. 이들은 SNS를 통해 새롭고 다양한 라이프 스타일과 함께 개성 있는 무슬림 패션을 세계에 선보이며, 히잡을 착용한 무슬림 여성 패션을 전파하고 있다.

특히 닐로파의 경우는 뷰티 퀸 대회인 데위 르마자(Dewi Remaja : Miss Teen Malaysia)에 참가하여 우승하면서 명성을 얻었고 그녀는 대학에서 국제 무역 및 마케팅 학사를 받은 고학력 여성이자 2017년 〈포브스(Fobes)〉지가 선정한 아시아의 30세 이하 영향력 있는 여성으로 뽑히기도 하였다. 그녀는 엔터테인먼트 경력 외에도 비즈니스 벤처 사업에 참여하고 히잡패션 브랜드 닐로파 히잡(Naelofar Hijab)을 출시한 바 있다.

닐로파는 뉴욕, 밀라노, 파리 패션 컬레션에서 디오르, 구치, 페라가모 등의 모디스트 패션 컬렉션에 참가하였다. 화장품 랑콤, 액세서리 스와로브스키 브랜드 등과 함께 모디스트 뷰티 패션을 알리는 캠페인에 앞장서는 등 매우 적극적인 해외 활동을 하고 있다. 그녀의 히잡 브랜드인 닐로파 히잡(Naelofar Hijab)은 싱가포르, 브루나이, 인도네시아, 호주, UAE, 영국, 유럽 등 37개국 이상에서 판매되고 있다. 말레이시아를 중심으로 닐로파는 현대적인 스마트한 무슬림 여성으로 많은 젊은 여성들에게 큰 영향을 주는 히자비스타라 하겠다.

노르 닐로파 모함마드 노르, 배우, 모델, 기업가
(www.instagram.com)

username
World

비비 유소프, 패션 블로거, 기업가(www.instagram.com)

username
World

유나 자레이, 가수, 작곡가(www.instagram.com)

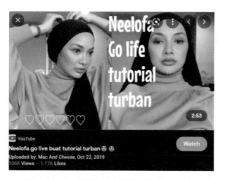
유튜브를 통해 터번 착용 방법을 알려주는 닐로파

　이렇게 무슬림 히자비스타의 등장은 단순히 무슬림 소비자를
마케팅 대상으로 접근한 것과는 달리 자신의 종교적 신념과 패션
을 융합시켜(S. Kim, 2018) 히잡 패션의 가치를 제시하였고 무
슬림 여성들에게 현대 패션의 미적 다양성 수용이라는 측면에서
큰 영향을 미치고 있다.

　무슬림 이미지를 유지하면서 적절한 모디스트 패션을 통해 트
렌디한 여성으로 보이는 것을 목표로 하는 히자비스타들은 인도
네시아와 말레이시아 젊은 여성 뿐 아니라 세계의 무슬림여성들
의 패션 트렌드 지식, 스타일링, 패션 의식에 영향을 주고 있다.
히자비스타들이 보여주는 패션제품은 무슬림 여성들의 패션 소
비에 영향을 주고 있다. 이들은 세계인으로부터 히잡 패션에 대
한 새로운 인식을 불러일으키는 데 중요한 역할을 한다. 히자비

스타는 폭넓은 SNS 활동을 통해 트렌드 패션 아이템과 히잡의 믹스 앤 매치를 제안하며 젊은 세대의 자유로운 패션 스타일링 욕구를 불러일으키다. 이들은 무슬림 여성들에게 현대사회의 롤 모델 을 제공하는 것이다. 히자비스타들은 히자버 커뮤니티의 형성과 종교적 의미가 반영된 히잡 패션을 이제 동남아시아의 무슬림 의복을 넘어 세계화하는데 앞장서고 있다.

동남아시아의 1970-80년대 이슬람 부흥 운동은 정치·경제, 국민의 의식주 및 일상 생활양식의 전반적인 변화를 주었다. 그리고 2000년대 이후 제 2차 이슬람 부흥 운동은 민주주의 사고로부터 탄생하였다. 현대화, 세계화에 맞는 팝 이슬람 문화의 형성 속에서 인도네시아와 말레이시아에서는 여성들이 대학교육이나 유학을 통한 서구교육을 받았다. 이러한 높은 학력의 무슬림 여성의 증가로 여성의 사회적 지위가 높아지고 사회진출이 활발해 지면서 히잡 착용에 커다란 변화가 나타났다. 도시 중산층 무슬림 여성에게 있어 히잡의 착용은 오히려 높은 사회·경제적 배경을 표현하는 동시에 미적 표현의 다양화를 위한 패션 아이템으로 사용되었다.

패션으로서의 히잡은 이제 젊은 무슬림들에게 히잡 착용은 멋진 것이며 자기표현의 하나라고 받아들여졌다. 모디스트 패션과 글로벌 패션 트렌드로 미적 가치의 다양성을 인정하는 글로벌 패션 문화현상은 펼쳐지고 있다. 과거의 부정적 시선과 막연히 경계했던 특정 국가의 종교적 아이템인 히잡이 글로벌 패션 트렌드로 세계적인 패션 디자이너들에 의해 다양하게 재해석되고 창작되며 모디스트 패션을 세계적으로 알리는 계기가 되었다.

SNS와 히자비스타의 영향으로 도시의 현대적 라이프 스타일과 고학력, 사회활동을 추구하는 젊은 여성들은 이들 히자비스타들의 패션 라이프와 종교적 신실성 그리고 그들의 사회적 성공을 롤 모델로 하고 있는 것이다. 히자비스타는 젊은 세대의 자유로운 패션 스타일링 욕구를 기반으로 무슬림 여성들에게 종교적 신념과 개성을 융합시키고 세계의 패션을 받아들여 동남아 무슬림 의복을 세계화하는 데 중요한 역할을 하고 있다.

username
World

· · ·

말레이시아의 히자비스타 비비 유소프(www.instagram.com)

username
World

말레이시아의 히자비스타 노르 닐로파(www.instagram.com)

username
World

•••

말레이시아의 히자비스타 유나 자레이(www.instagram.com)

HIJABER
HIJABISTA

패션은 시대적 상황과 물질적 소비문화의 한 부분이며
개인적인 자기 정체성의 표현이다.
그리고 그 사회의 커뮤니케이션 수단이며
기호(sign)이다.

제4장

인도네시아 반둥의
스트리트 패션

HIJABER
HIJABISTA

스트리트 히잡 패션의 스타일과 이미지

　스트리트 패션(street fashion)은 각 나라와 지역에 거주하는 개개인의 패션에 대한 개성과 취향이 반영되며 한 시대의 유행과 젊은 세대들의 일상복 패션 현황을 살펴볼 수 있는 중요한 자료이다. 패션의 유행을 이끄는 대표적인 패션의 도시인 뉴욕, 파리, 런던, 밀라노 등의 스트리트 패션은 세계 패션 트렌드 예측 및 마케팅 분석을 위한 필수적인 자료이다. 학문의 영역에서도 스트리트 패션은 지속적으로 연구되어 왔다. Jo & Lee(2004)는 '스트리트 패션은 말 그대로 거리의 패션인데 유명 디자이너들의 하이패션과는 구별되는 대중들의 패션으로 상류층이나 기성세대들에 의해 주도되는 패션이 아닌 기존 스타일과 계층의 정체성을 깨기 시작하면서 거리를 배회하고 방화하던 젊은이들 사이에 생성된 스타일'이라 하였다. Lee(2011)는 스트리트 패션은 대중의 유행에 대한 수용도를 감지할 수 있는 무대로, 패션의 성향이 스트리트 패션에 가장 잘 나타나 있기에 한 시대의 대중적 성향을 파악할 수 있는 중요한 요소라 말한다. Kawamura(2006)는 일본의 틴에이저들의 스트리트 패션을 하나의 상품으로 접근한 사회학적 연구를 수행하여 스트리트 패션은 대도시 젊은 세대들의 변화를 확인하고 하나의 문화를 이해하는 수단이라 하였다. Kim & Ro(2018)는 대중들의 패션 취향과 기호를 읽을 수 있다는 점에서 패션 트렌드의 실제를 확인할 수 있다고 지적하는 등 스트리트 패션은 시대와 대중과 그들의 변화를 읽는 일종의 기호가 되고 있다.

글로벌 기업에서도 대중들의 패션 수요에 대한 관심을 읽을 수 있는 스트리트 패션에 대한 중요성이 부각됨에 따라 하이패션과 스트리트 패션과의 경계가 허물어지며 하이패션과 스트리트 패션의 협업 사례도 증가하고 있다. 인터넷과 SNS의 발달은 대중들의 스트리트 패션의 접근과 패션 트렌드 파악을 용이하게 하였다. 세계적인 패션 파워 블로그 '사토리얼리스트(www.thesartorialist.com)', '페이스헌터(www.facehunter.org)' 등을 통해 뉴욕, 파리, 런던, 밀라노 등의 세계 스트리트 패션에 쉽게 접근할 수 있게 되었고, 소셜 미디어 사이트 '핀터레스트(pinterest)' 등을 통해서 온라인에서 대중의 유행을 편하게 접할 수 있게 되었다. 따라서 세계 최대의 이슬람 국가인 인도네시아 대도시의 스트리트 패션 분석은 우리나라 패션 기업의 동남아시아 패션 산업 진출을 위해 그리고 무슬림 패션연구를 위해 유용한 자료가 된다.

앞서 우리는 대중적, 현대적, 민주적 이슬람인 팝 이슬람의 등장과 인도네시아와 말레이시아의 경제적 성장, 그리고 여성들의 사회진출, 히자버의 등장과 히자비스타들의 영향력이 매우 빠른 시간 동안 대중들에게 진행되어온 것을 살펴보았다. 그리고 20~30대 인도네시아 여성소비자가 선호하는 의복 이미지는 새롭고 젊고 모던하고 활발하고 캐주얼한 이미지이며, 고학력의 말레이시아 무슬림 여성 소비자들은 도시적이고 사회활동이 활발하여 모던, 소피스티케이트, 스포티 이미지에 대한 선호가 높고, 무늬가 없는 깨끗한 직물을 가장 선호한다는 것을 알 수 있었다. 그렇다면 실제 거리의 젊은 여성들의 히잡패션은 어떠한지 현지

---

4. 2021년 1월부터 2월까지 인도네시아 대학도시이자 패션 도시인 반둥을 중심으로 현지 조사를 하였다. 연구와 출판의 목적을 설명하고 허락한 사진들만 제시하였고, 코로나 확산기여서 부득이 마스크를 착용하였음을 밝힌다. (촬영 Ninda, Shaffira)
5. 반둥(Bandung)은 해발 700미터에 위치하여 연평균기온 22.3℃의 그리 덥지 않은 곳이다. 1810년 이후 네덜란드가 식민지 시절 세운 도시로 300년간 통치하였고 고급휴양지를 기본으로 근대도시로 발전하였다. 관광과 섬유패션의 중심지이며 세계적으로 유명한 반둥공과대학(ITB)을 비롯한 대학가들이 밀집한 교육도시여서 젊은 인구가 많다.

★ 반둥시 PVJ 쇼핑센터

스트리트 패션 조사[4]를 통한 패션의 현황을 살펴보자.

인도네시아 제2의 도시인 반둥시[5]는 젊은 세대들의 문화가 발달된 곳이다. 반둥에는 총 17개 대학들이 있어서 고학력 젊은 무슬림 여성들의 스트리트 패션을 관찰하기 적합하다.

대학가와 쇼핑몰, PVJ(Paris Van Java) 쇼핑센터, 브라가(Braga) 스트리트를 중심으로 한 카페와 문화가 집중된 지역을 중심으로 스트리트 패션을 관찰한 결과 눈에 띄는 것은 심플하고 스포티하며 모던한 패션 이미지의 여성들이 많다는 점이다.

반둥의 젊은 여성들의 모습은 SNS에 나타나는 히자비스타들의 럭셔리하고 화려한 스포티 엘레강스한 모습과는 좀 다르다. 그러나 히자비스타들이 보여주는 현대적이고 심플한 패션이미지와 유사하여 모던 스포티 캐주얼 패션은 하나의 유행으로 가늠이 된다. 그들의 모습은 매우 실용적이고 캐주얼한 모던 이미지가 많았다.

　인도네시아 스트리트 패션에서 가장 많이 나타난 모던 이미지는 직선적인 실루엣을 기본으로 하였다. 장식적인 디테일 없이 간결한 아이템들이 많이 보인다. 히자비스타들의 인스타그램에서와 마찬가지로 반둥의 젊은 여성들은 스커트보다 주로 긴 바지 차림이 대부분이다. 다리를 드러낸 짧은 스커트는 거의 착용하지 않는다. 짧은 스커트(대개의 경우 무릎 아래)를 착용할 때에도 검정 스타킹이나 레깅스를 레이어드시키지만, 이 또한 매우 드물다.

　주로 젊은 여성들이 많이 사용하는 패션 아이템은 기능적인 스웻 셔츠나 티셔츠, 니트로 된 상의, 폭이 넓거나 좁은 긴 바지, 데님 진즈, 캐주얼 재킷 등이다. 이들 아이템은 주로 검정색 히잡과 조화롭게 코디네이트하여 직선적이고 깔끔한 이미지를 만든다.

　가슴을 덮는 긴 히잡의 착용은 아주 드물게 보이며 젊은 여성

▲ **스커트 착용의 사례들**
스커트는 많이 착용하지 않지만 주로 긴 스커트 혹은 검은색 스타킹이나 레깅스로 맨다리를 가리고 착용. 보수적인 무슬림 의복을 착용한 경우도 가끔 보인다.

들은 대부분 목까지 오는 짧은 히잡에 트렌디한 크로스백, 백팩 등 다양한 트렌드 가방을 들고 심플한 구두 혹은 유명 브랜드의 스니커즈를 포인트로 코디네이트 하고 있다.

이러한 인도네시아 스트리트 패션에 모던 이미지가 가장 많이 나타난 것은 히자비스타들의 패션에서 나오듯 최근의 유행인 동시에 젊은 여성들의 도시적 일상 혹은 캠퍼스 라이프 스타일에 적합한 패션이기 때문으로 본다. 히자비스타들의 패션 이미지나 글로벌 패션 트렌드인 에슬레저 룩의 스포티 이미지의 방향과 유사하다.

모던 이미지와 함께 많이 나타난 이미지는 스포티브 이미지로, 패션 아이템으로는 티셔츠와 긴 바지, 아디다스, 나이키, 반즈, 컨버스 스니커즈, 캐주얼 크로스 백 등의 캐주얼 아이템이 주를 이루었다.

히잡은 주로 검정색 혹은 의복과 동일 색상이나 유사한 색상인데 목까지 오는 짧은 히잡을 착용하였으며, 하의는 다양한 실루엣의 청바지와 면바지를 착용하였다. 바지의 통은 스키니부터 와이드까지 매우 다양했다. 상의는 스웻 셔츠, 후드 티셔츠, 짧은 반팔 티셔츠에 긴 팔을 이너셔츠로 레이어드하여 착용하였다. 전반적으로 직선적인 H라인 실루엣의 캐주얼하고 활동적인 아이템들을 코디네이션하여 스포티브한 이미지를 느낄 수 있었다.

한편 스트리트 패션 중 로맨틱 이미지도 나타난다. 로맨틱 이미지의 패션은 최근 글로벌 유행 트렌드인 소매가 풍성한 퍼프 슬리브의 블라우스와 롱스커트의 조화로 나타나고, 샌들, 숄더백, 목까지 오는 짧은 히잡 등을 스타일링하였다. 전반적으로 부드럽고 우아한 여성스러운 아이템들로 코디네이션 하였다. 실루엣은 A라인 실루엣으로 하의로 내려가면서 살짝 퍼지는 형태들이 보였고, 화이트 또는 밝은 색상의 누드톤 의상을 매치하여 착용하였으며 디테일 장식으로는 프릴이나 플라워 오브제 등을 사용하여 로맨틱한 이미지를 더하였다.

이처럼 인도네시아 스트리트를 관찰해 본 결과 무슬림 젊은 여성들의 히잡패션은 현재 전 세계적으로 유행하는 이지 캐주얼한 스타일, 애슬레저 룩을 기반으로 하는 스포티 캐주얼, 모던 이미지와 퍼프 슬리브와 같은 로맨틱 이미지 등이 나타나고 있었다. 스타일은 매우 다양하였고 각자 개성 있게 자기 스스로 잘 꾸며진 모습을 볼 수 있었으며, 주로 젊은 여성들은 검정색의 히잡 혹은 옷과 동색의 히잡을 착용하여 시티 캐주얼의 감각을 그대로 보여주고 있다.

심플하면서도 캐주얼하고, 여성스러운 이미지를 느끼게 하는 등 도시 스타일의 패션이 나타났고, 선글라스, 액세서리 포인트로 패션성을 가미하여 패션 트렌드에 있어 글로벌 감각에 부응하는 스타일리시함도 보여주었다.

주목되는 점은 머리부터 발까지의 코디네이트 즉 아이템들의 스타일링을 매우 완벽하게 추구하는 패션들이 보인다는 점이다. 이는 히잡은 하나의 패션 아이템으로서 옷과 조화를 나타내고 있어 일반적인 글로벌 스타일에 패션 아이템 히잡이 하나 더 추가되는 것으로 이해된다.

인도네시아 스트리트 패션에 많이 나타난 모던, 스포티브, 로맨틱 이미지의 패션들 대부분이 신체를 드러내지 않는 의복 아이템을 활용하여 코디네이션 하였다.

이렇듯 딱 달라붙어 피트되는 옷은 피하고 신체를 드러내어 피부가 노출되는 짧은 소매, 짧은 바지나 스커트 의복이 잘 보이지 않은 이유는 열대성 기후에서 뜨거운 태양으로부터 긴 팔 티셔츠와 긴 바지, 롱스커트 등의 착용으로 신체를 보호하기 위함도 있겠다. 그러나 무엇보다 히자버, 히자비스타들의 패션표현의 절대 기준인 종교적 기본을 지키는 것이 일반 젊은 세대 여성 무슬림들에게도 자연스럽게 표현되어 신체 노출을 꺼리기 때문으로 본다. 그러나 스키니 진즈는 종종 눈에 띄어 발랄한 느낌을 표현하고 있었다.

2

스트리트 히잡 패션의 색채와 스타일링

인도네시아 젊은 여성들의 스트리트 패션을 살펴보면서 주목되는 것은 색채이다. 히자비스타들의 패션의 특징에서 언급했던 것처럼 스트리트 패션에도 색채의 조화를 중요시하는 것을 알 수 있다. 반둥지역 스트리트 패션의 색채를 살펴보면, 대표적으로 무채색과 블루 계열, 파스텔 컬러 및 누드 톤, 그리고 포인트 컬러의 사용과 컬러풀한 색상의 과감한 조합 등이 특징으로 나타난다.

스트리트 패션에서 가장 많이 나타난 대표적인 색채의 배색은 무채색 상의와 블루 계열 하의의 조합이다. 화이트, 그레이, 블랙의 무채색 상의 아이템과 다양한 톤의 블루진 하의가 코디네이션되었다. 화이트 상의와 라이트 블루, 블랙 상의와 딥 네이비 블루진의 조화 등 전형적인 데님 캐주얼 코디네이트의 공식이 그대로 유행하고 있음을 알 수 있다.

다음으로 인도네시아 무슬림 여성들의 스트리트 히잡패션에서 두드러지는 경향은 파스텔 컬러와 누드 톤의 의상들이다. 전체적으로 매우 자연스럽고 도시에 어울리는 편안함과 부드러움을 주는 조화이다. 핑크, 퍼플, 블루, 옐로우 등의 파스텔톤의 컬러 의상과 베이지, 크림색, 오프 화이트 등의 누드 톤 의상들이 코디네이션 되었다.

그리고 인도네시아 스트리트 히잡패션에서 눈에 띄는 또 하나의 특징은 비비드한 색상을 과감하게 선택하여 포인트 컬러로 사용하고 있다는 점이다. 선명한 색상의 강조는 전체 스타일을 완성하는 코디네이션이다. 주로 상의에 다양한 브라이트, 비비드 톤으로 옐로우, 레드, 그린, 블루, 퍼플 컬러들을 사용해서 포인트를 주고 하의와 액세서리, 히잡은 동일 색상의 블랙 또는 그레이로 통일시켜 포인트 컬러를 더욱 돋보이게 스타일링 하였다. 많은 빈도는 아니지만 패션 감각이 드러나는 스트리트 패션의 색채였다.

이상의 스트리트 패션에 나타난 스타일 중 소재적 특징에서 중요한 점은 복잡한 패턴 등의 문양 사용이 잘 보이지 않는다는 점이다. 인도네시아 젊은 여성들은 일상생활에서 무늬가 없는 단색을 선호하여 착용한다. 바틱과 같은 전통 텍스타일의 사용도 젊은 여성들의 옷차림에서는 안 보인다.

스트라이프와 사이즈가 작은 체크 무늬는 조금 보여지고 이러한 일부 경향을 제외하고는 거의 무늬가 없는 직물들이 많이 입혀지고 있는 것은 분명해 보인다. 이는 앞서 설명한 말레이시아의 패션 소비자들인 젊은 여성들이 선호하는 디자인의 연구결과와 매우 유사하다. 물론 인도네시아의 대도시 공공기관과 대기업을 중심으로 금요일은 바틱데이(Friday, Batic Day)로 정하여 그날은 바틱소재의 셔츠를 입음으로써 전통과 바틱에 대한 자부심을 표현하기도 하지만, 젊은 여성들의 일상생활과는 거리가 멀다.

무늬가 없는 단색의 옷감을 사용하는 디자인은 히자비스타들의 패션 특징에서 살펴본 내용과도 동일하다. 따라서 무늬 없는 소재의 직물사용에 따라 단색들의 활용은 인도네시아와 말레이시아 등 동남아 도시 무슬림 젊은 여성 패션의 특징이라 볼 수 있다.

에스닉 분위기의 일부를 제외하고는 모두 무늬없는 직물을 사용하고 색채의 조화와 직물의 드레이프성이 좋은 부드럽고 편안함을 기본으로 하였다. 도시적 미니멀한 느낌을 추구하는 현대성을 나타낸다고 볼 수 있다.

민소매로 팔을 드러내거나 맨다리를 드러내는 경우는 전혀 없었다. 그러나 조금 짧은 무릎까지 오는 스커트 차림에서는 살색이 아닌 검은색 스타킹이나 레깅스로 레이어드시키는 모습이었다. 반팔의 착용도 역시 레이어드로 나타난다.

전체적으로 인도네시아의 젊은 무슬림 여성들의 스트리트 히잡 패션은 레이어드, 코디네이트의 개념이 매우 발달하여 아이템

과 아이템의 레이어드, 색채 배색을 활용한 토털 코디네이션 착장법이 중요한 패션의 특징임을 알 수 있다.

히잡 패션은 현대적 라이프 스타일과 새로운 코스모폴리탄적 이슬람 히자버들의 활동과 종교적 가치에 기반하며 패셔너블한 패션을 추구하는 히자비스타들의 등장에 따라 글로벌 모디스트 패션으로 진행되고 있다.

히자비스타의 목적이 무슬림 이미지를 유지하면서 가장 최신의 멋진 모디스트 패션을 자신들의 여행, 일, 가정생활, 여가생활 등 모든 라이프 스타일을 통해 트렌디하게 보여주는 것처럼 젊은 여성들의 스트리트 패션 역시 도시 라이프스타일에 어울리는 글로벌 패션 트렌드와 발을 맞추고 있다. 그들은 이제 이슬람 국가뿐 아니라 세계의 패션에도 중요한 몫을 차지하고 있다.

인도네시아와 말레이시아의 대도시를 중심으로 경제적 발전과 풍요로움, 고등교육과 사회진출이 활발해진 무슬림 여성(Muslimah 무슬리마)들은 인터넷 매스미디어를 통한 히자비스타들의 영향을 받아 자기표현, 종교적 정체성, 그리고 최근의 트렌드를 모두 포함하여 패션의 사회적, 개인적 의미를 완성시키고 있다.

스트리트 패션의 현지 조사에서 우리는 도시적 시크함과 모던함을 기본으로 자유롭고 조화로운 코디네이트를 통한 스타일링을 추구하는 젊은 여성들을 보았다. 그리고 그들의 패션은 히자비스타들의 패션 스타일과 유사하다. 그리고 더욱 캐주얼하다.

패션은 시대적 상황과 물질적 소비문화의 한 부분이며 또한 아주 개인적인 자기 정체성의 표현이다. 그리고 그 사회의 커뮤니케이션의 수단이며 일종의 코드로서의 기호(sign)이다.

패션이 가지고 있는 상징을 근거로 동남아시아의 무슬림 여성 패션의 변화를 살펴본 결과, 히자버와 히자비스타는 현재 동남아 무슬림국가의 도시문화 속 여성의 변화를 단적으로 잘 보여주고 있음을 알 수 있었다. 그리고 그 영향력은 일반 젊은 세대들의 일상적 패션에 고스란히 표현되고 있음을 스트리트 패션을 통해 확인 하였다. 히잡을 중심으로 새롭게 등장한 히자버, 히자비스타, 모디스트 패션은 이제 글로벌 트렌드와 발맞추어 자신들의 종교적 정체성 위에서 파워풀한 트렌드를 확산시키고 있는 것이다.

HIJABER
HIJABISTA

Epilogue

히잡은 '종교'인 동시에 '패션'이다.
히잡을 쓴 여인은 테러리스트가 아니다.

히잡은 이제 '패션'으로서 나타나는 현대 도시의 '현상'이다.
히잡 패션은 인도네시아와 말레이시아를 중심으로 사회, 문화적 변화를 담고 있다.
그리고 글로벌 트렌드를 반영하여 모디스트 패션으로 완성한다.

이 책의 저술은 정체된 우리나라 패션산업의 방향을 탐색하던 중 미국, 일본, 중국 중심에서 탈피하여 새로운 해외 마켓에 대한 관심을 가지며 시작되었다.
정부의 신남방정책을 깊게 생각해 보았고 모디스트 패션이 글로벌 럭셔리 브랜드에서 나타남을 확인하였다.
그리고 동남아 무슬림의 인구 파워와 평균연령이 매우 낮고 MZ세대가 인구의 반을 차지하며 경제적으로 발전하고 있음을 알게 되었다.

Tarlo and Moors(2013)가 무슬림 여성들의 히잡에 대한 새로운 관점을 소개하며 '복종'과 '저항'과 같은 종교적 경건함, 순종, 공동체의 권위뿐 아니라 '패션화'가 나타났다고 지적한 것을 연구의 출발로 하였다.

　　동남아시아의 1970~1980년대 이슬람 부흥 운동은 정치 · 경제, 국민의 의식주 및 일상 생활양식의 전반적인 변화를 주었다. 그리고 2000년대 제2차 이슬람 부흥 운동 이후 민주주의 사고로부터 탄생한 팝 이슬람 문화의 영향으로 인도네시아와 말레이시아의 중상층 라이프 스타일은 변화하였다.

　　대학교육이나 유학을 통한 서구교육을 받은 무슬림 여성의 증가와 여성의 사회적 지위 상승 및 여성의 사회진출이 늘어나면서 히잡 착용의 상징이 변하였다. 중산층으로 살아가는 무슬림 여성에게 있어 히잡의 착용은 높은 사회 · 경제적 배경을 표현하는 동시에 개인의 미적 표현의 다양화를 위한 패션이었다.

　　2010년에는 히자버(hijaber)라는 이름을 내세운 집단이 출현하였다. 인도네시아에서 히자버 커뮤니티(Hijabers Community)라는 공동체를 결성하고 무슬림 여성들에게 패션으로서 히잡을 지향하며 트렌드에 맞는 패션 스타일링 정보를 적극적으로 제안하였다.

그리고 SNS의 발달로 인도네시아와 말레이시아를 중심으로 한 유명 연예인, 인플루언서들 소위 히자비스타(hijabista)들의 활발한 활동은 히자버들뿐 아니라 비무슬림권에서도 히잡패션에 대한 긍정적 시각을 형성하는 데 일조하고 있다. 많은 수의 팔로워를 보유하고 있는 인플루언서 히자비스타들은 종교적 신실성을 기본으로 새로운 패션 정보 제공자로서 대중들과 실시간 커뮤니케이션을 하고 히자비스타들이 제공하는 정보는 대중들에게 커다란 영향을 미치고 있다.

히자비스타는 젊은 세대의 자유로운 패션스타일링 욕구를 자극했을 뿐 아니라, 젊은 무슬림 여성들에게 사회적으로 성공한 멋진 무슬림 여성의 롤 모델을 보여주었다. 또한 종교적 신념과 패션 트렌드를 수용하여 모디스트 패션으로 다시 글로벌 패션 마켓에 제시하는 중요한 역할을 하고 있다.

동남아시아 무슬림 여성들의 히잡 패션 변화는 종교 복식인 히잡이 종교적 믿음과 정체성의 표현을 위한 표식의 의미를 넘어 패션 아이템으로 그 의미가 전환됨을 말한다. 그리고 사회, 문화적 경향을 반영한 변화의 흐름이며 무슬림 여성 의복의 패션화라고 정의하였다. 다양성의 존중, 교육받은 여성의 증가와 민주적 생각은 히잡 착용이 자신의 순수한 무슬림으로서의 표현인 동시에 더욱 아름다워 보이도록 하는 패션 요소로 변하여 정착했다.

현지조사 중에 만난 젊은 무슬림 여성들은 밝고 당당한 세계 시민이었다.

종교와 패션의 균형감 속에서 끝없이 아름다움을 추구하고 있었다.

짧은 스커트에 스타킹을 레이어드하고 히잡을 쓰고 그 위에 베레모를 썼다.

K 팝을 흥얼거리고 패션과 피부관리와 화장유행에 매우 민감한 한 여학생은 대화 도중 기도시간이라고 기도하는 곳을 찾았다.

자신의 세대와 부모님의 세대와는 매우 다르다고 하였고 부모님이 히잡을 강요하지는 않았다고 하였다.

히잡은 분명 선택이었다.
준비가 되면 스스로 착용하고 준비가 안 되었다면 착용하지 않는다고 하였다.

현지 인터뷰와 설문 그리고 사진 촬영에 응해주신 인도네시아와 말레이시아의 젊고 패셔너블한 여성들에게 다시 한번 감사의 마음을 전한다.
그들 모두 히자버이며 히자비스타였다.

히잡을 쓰니 멋지네….
It is cool to wear the hijab….

HIJABER
HIJABISTA

참고문헌

- Neelofa. (2020, January 8). Retrieved January 10, 2020, from https://www. instagram.com/p/B7CqZzRHoll//15/muslim-women-fashion/

- "2019 인도네시아 무슬림패션 페스티벌 개최" 위클리 글로벌 Vol. 120. 2019.5.20. 한국콘텐츠진흥원

- Agustina, H. N. (2015). Hijabers: Fashion trend for Moslem women in Indonesia. Proceedings of 2015 International Conference on Trends in Social Sciences and Humanities (pp.1-5). Bali: Emirates Research Publishing Limited.

- Akou, H. M. (2007). Building a new "world fashion": Islamic dress in the twenty-first century. Fashion Theory, 11(4), 403-422. doi:10.2752/175174107X250 226

- Alam, S. S., Mohd, R., & Kamaruddin, B. H. (2011). Is religiosity an important determinant on Muslim consumer behaviour in Malaysia? Journal of Islamic Marketing, 2(1), 83-96. doi:10.1108/17590831111115 268

- Alexander Wang 2018 F/W. (n.d.). Retrieved August 15, 2019, from https:// www.vogue.com/fashion-shows/ fall-2018-ready-to-wear/alexander-wang/ slideshow/collection#24

- An, R. (2017, August 11). 모디스트 패션, 의류 업계의 아이콘으로 부상하다 [Modernist fashion apparel industry icon]. Retrieved September 12, 2019, from http://news.kotra.or.kr/user/globalBbs/kotranews/782/globalBbsDataView. do?setIdx=243&dataIdx=160278

- Anniesa Hasibian 2017 S/S. (n.d.). Retrieved August 14, 2019, from https:// www.elle.com/fashion/news/ a43064/anniesa-hasibuan-fall-2017-show-immigrant-models/

- Association of Southeast Asian Nations. (1967). Retrieved August 11, 2019, from http://www.mofa.go.kr/www/ wpge/m_3921/contents.do

- Batrawy, A. (2018. 10. 9). Muslim hijabi hipster fusing fashion with faith.

https://www.thejakartapost.com/news/2014/10/09/muslim-hijabi-hipsters-fusing-fashion-with-faith.html

- Berrybenka. (n.d.). Retrieved March 1, 2020, from https://berrybenka.com/special/9984/lookbook-hidden-essence
- Beta, A. R. (2014). Hijabers: How young urban Muslim women redefine themselves in Indonesia. International Communication Gazette, 76(4-5), 377-389. doi:10. 1177/1748048514524103
- Choi, J., & Kim, J. (2019). A study on the Muslim fashion style in contemporary fashion collection. Journal of Fashion Business, 23(5), 1-18. doi:10. 12940/jfb.2019.23.5.1
- Christian Dior 2018 F/W. (n.d.). Retrieved August 13, 2019, from https://www.vogue.com/fashion-shows/ fall-2018-ready-to-wear/christian-dior/slideshow/collection#55
- Dian Pelangi. (2019, October 19). Retrieved December 22, 2019, from https://www.instagram.com/ p/B3zW_jbFMOL/
- Dian Pelangi's Instagram Main. (n.d.). Retrieved March 14, 2020, from https://www.instagram.com/ dianpelangi/?hl=ko
- Disney and Suqma. (n.d.). Retrieved August 22, 2019, from https://gramho.com/media/2135008308901128236
- Fisher, L. (2017, July 4). 15 Ways to wear leggings as pants without looking frumpy. Bazaar. Retrieved July 6, 2020, from https://www.harpersbazaar.com
- Fisher, L. (2020, March 5). The best leggings, according to editors. Bazaar. Retrieved July 6, 2020, from https://www.harpersbazaar.com
- Grine, F., & Saeed, Ma. (2017). Is hijab a fashion statement? A study of Malaysia Muslim women. Journal of Islamic Marketing 8(3). 430-443. doi:

10.1108/JIMA-04-2015-0029

- Hassan, H., Zaman, B. A., & Santona, I. (2015). Tolerance of Islam: A study on fashion among modern and professional Malay women in Malaysia. International Journal of Social Science and Humanity, 5(5), 454–460. doi:10.7763/IJSSH.2015.V5.499

- Hassan, S, H., & Harun H. (2016). Factors influencing fashion consciousness in hijab fashion consumption among hijabistas. Journal of Islamic Marketing, 7(4), 476–494. doi:10.1108/JIMA-10-2014-0064

- Hijup. (n.d.). Retrieved August 21, 2019, from https://www.hijup.com/en/pr omo/645?mainbanner=NewVoalSetfromHIJUPBASIChasArrived&h_source_ url=%2Fen

- Huh, Y. (2019, October 29). 인도네시아 디지털 경제현황 및 정부 주요 정책 [Indonesia digital economy and government policy]. Kotra Global Market News. Retrieved August 20, 2019 from http:// news.kotra.or.kr/user/globalBbs/ kotranews/782/globalBbsDataView.do?setIdx=243&dataIdx=178277

- Jang, S. & Park, H. (2021). The Fashion Product Purchase and Fashion Consciousness of Malaysian Muslim Women. Fashion Business, 25(2), 63–79

- Jo, K. H., & Lee, H. S. (2004). 패션미학[Fashion aesthetic], Seoul: Soohaksa.

- Kang, S., & Cho, W. (2015). A study on women's headgear of Muslim ethnic minority in Xinjiang Uygur. Journal of the Korean Society of Costume, 65(4), 124–136. doi:10.7233/jksc.2015.65.4.124

- Kang, S., & Jeon, H. (2003). A study on the character of costume of Islam. Journal of Life Science Research, 23(1), 137–152.

- Kawamura, Y. (2006). Japanese teens as producers of street fashion. Current sociology, 54(5), 784–801.

· Kelmachter, M. (2016, February 15). Islamic-insprired fashion turns heads in Southeast Asia. Forbes. Retrieved August 15, 2019 from https://www.forbes.com

· Kim S., Choo, H., Nam, Y., & Son, J. (2012). Public awareness and donning practices of traditional dresses and Muslim dresses among Indonesian Muslim. Journal of the Korean Society of Costume, 62(7), 117-132. doi:10.7233/jksc.2012.62.7.117

· Kim, H. (2012). The politics and religious meanings of Islamicrevivalism: Malaysia comparative study of 1980s and 2000s (Unpublished master's thesis). Yonsei University, Seoul, Korea.

· Kim, H. (2017). Hijaber and jilboob Diversification of hijab and reactions of Indonesian conservative Muslims. Cross-Cultural Studies, 23(1), 125-164.

· Kim, H. (2018). Competing Perceptions of Hijab: Diversification and Negotiations among Indonesian Muslim College Students. Cross-Cultural Studies, 24(1), 61-97.

· Kim, H. (2018). 히잡은 패션이다 [Hijab is fashion]. Seoul: Booksea.

· Kim, H. J., & Hong, S. J. (2014). 동남아의 이슬람화 1 [Islamization of Southeast Asia 1]. Seoul: Nulmin.

· Kim, H. J., Kim, H. Y., & Han, S. A. (2012) Muslim women's fashion based on the social and the cultural background of the Middle East - Centered on veil (hijab and abaya). Archives of Design Research, 25(2), 147-156.

· Kim, H. S. (2004). On the application of the Islamic patterns to the textile design. Journal of the Korean Fashion & Costume Design Association, 6(1), 13-24.

· Kim, H., & Jeon, J. (2013). Indonesian studies in Korea -The continuing external expansion−, the deepening internal separation. Asia Review, 3(1), 73−108.

- Kim, C. J., & Ro, M. K. (2018). Styling comparison of military look appeared on street fashion of Korea and overseas. Journal of the Korean Society of Costume, 68(1),14−29. doi:10.7233/jksc.2018.68.1.014

- Kim, H., Kim, H., & Han, S. (2012). Muslim women's fashion based on the social and the cultural background of the Middle East. Archives of Design Research, 25(2), 147−156.

- Kim, J., Jeong, H., & Yum, H. (2005). A study on the fashion of Islamic image. Journal of the Korean Society of Clothing and Textiles, 29(1), 23−34.

- Kim, R. (2018). Effect of the influencer's fashion product evaluation contents on purchase intentions −Focusing on the moderating effects

- Kim, S. (2018). Internal meaning and case of modest fashion in contemporary fashion. Journal of Korea Design Forum, 60(3), 39−52.

- Kim, W. B., & Choo, H. J. (2019). The effects of SNS fashion influencer authenticity on follower behavior intention −Focused on the mediation effect of fashion9−. Journal of the Korean Society of Clothing and Textiles, 43(1), 17−32. doi:10.5850/JKSCT.2019. 43.1.17

- Korea Creative Content Agency. (2019a, October 28). 콘텐츠진흥원. 신진 디자이너 지원, 잠재력 높은 인도네시아 패션 시장 공략 [KOCCA, Supporting new designers, targeting the Indonesian fashion market with high potential]. Retrieved January 2, 2020, from http://www.kocca.kr/cop/bbs/view/B0000138/1841053.do?menuNo=200831

- Korea Creative Content Agency. (2019b, October 28). Weekly Global. (Vol. 143). Retrieved January 2, 2020, from http://www.kocca.kr/cop/bbs/view/B0158920/ 1841063.do?menuNo=203288#

- Korea Creative Content Agency. (2019c, September 13). Content industry trend of Indonesia. Retrieved January 2, 2020, from http://www.kocca.kr/ cop/bbs/view/ B0158950/1840675.do?searchCnd=&searchWrd=&cateTp1=& cateTp2=&useAt=&menuNo=203781&categorys=0&subcate=0&cateCode=&ty pe=&instNo=0&questionTp=&uf_Setting=&recovery=&option1=&option2=&yea r=&categoryCOM062=&categoryCOM063=&categoryCOM208=&categoryInst= &morePage=&delCode=0&qtp=&pageIndex=8#

- Korea Fashion Industry Association. (2015). 말레이시아 패션산업 [Malaysia fashion industry]. Retrieved May 20, 2019 from Retrieved May 20, 2019 from http://www.koreafashion.org/info/info_content_view.asp?num=2&pageNum=1 &clientIdx=1182&SrchItem=clientTitle&SrchWord=%B8%BB%B7%B9%C0%CC% BD%C3%BE%C6%20%C6%D0%BC%C7%BB%EA%BE%F7&flag=2

- Korea Fashion Industry Association. (2017a). 아시아의 뉴욕 말레이시아의 쇼핑몰 [Asian New York Malaysia shopping mall]. Retrieved May 20, 2019 from http://www.koreafashion.org/info/info_content_view. asp?clientIdx=1611&flag=2

- Korea Fashion Industry Association. (2017b). 인도네시아 패션 온라인 쇼핑몰 [Indonesia fashion online shopping mall]. Retrieved May 20, 2019 from http:// www.koreafashion.org/info/info_content_view.asp?num=1&pageNum=&catald x=803&clientIdx=1612&SrchItem=&SrchWord=&flag=2

- Korea Foundation for International Cultural Exchange.(2017, June 20). 국제 문화교류사업의 혁신모델, 인도네시아 한국패션교육센터 주목(Innovative model of international cultural exchange project, Indonesia Korea Fashion Education Center pays attention). http://kofice.or.kr/g200_online/g200_online_00d_ view.asp?seq=14105&page=7&tbllD=gongji&bunho=0&find=&search=

- Korea Trade-Investment Promotion Agency. (2012, December 17). 2013 년 말레이시아 시장 이것이 바뀐다 [Malaysia market changes in 2013].

Retrieved December 20, 2019, from https://news.kotra.or.kr/ user/globalBbs/ kotranews/3/globalBbsDataView.do?setIdx=242&dataIdx=118362

- Korea Trade-Investment Promotion Agency. (2019, October 22). 아세안 시장 공략을 위한 문화 마케팅 전략 보고서 [Cultural marketing strategies for Asean markets]. Retrieved December 20, 2019, from http://www.kotra.or.kr/kh/ about/KHKICP020M.html?MENU_CD=G0127&TOP_MENU_CD=G0100&LEFT_ MENU_CD=G0127&ARTICLE_ID=3020617&BBS_ID=211153

- Korea Trade-Investment Promotion Agency. (2019a). 국가 · 지역정보: 인도 네시아[Country · region information: Indonesia]. Retrieved August 5, 2019, from http:// news.kotra.or.kr/user/nationInfo/kotranews/14/nationMain. do?natnSn=49

- Kwon, H. (2017). A study on Muslim women's veil, hijap. 패션과 니트 [Fashion and Knit], 15(3), 95-106.

- Lee, H., & Park, H. (2020) A study on the Muslim women's fashion in Southeast Asia -Focus on Indonesia and Malaysia. Journal of Fashion Business, 24(2), 85-99. doi:10.12940/jfb.2020.24.2.85

- Lee, H., Lee, W., Choi, J., Ryu, W., Yeon, G., & Lee, J. (2001). 이슬람 문명 올바로 이해하기 이슬람 [Understanding Islamic civilization correctly Islamic]. Seoul: Chunga.

- Lee, S. (2015) The understanding and practice on veiling of progressive Muslim women in Indonesia -Focused on Fatayat NU women-. The Journal of Asiatic Studies, 58(4), 208-273.

- Lee, Y. M. (2011). A study on the acceptance degree of overseas collections by Korea's knitted street fashion -with a focus on the 2011 s/s season-. The Journal Of the Korean Society of Knit Design, 9(1), 57-71. doi:10.35226/ kskd.2011.9.1.57

- Max Mara 2017 F/W. (n.d.). Retrieved August 14, 2019, https://www.vogue.com/fashion-shows/fall-2017-ready-to-wear/max-mara

- Muslim women's hijab fashion. (2019, December 31). Retrieved March 14, 2020, from http:// hijaberscommunity.id/pengajian-akbar-2019-inspiring-woman-in-islamic-history

- Na, S. M. & Lee, K. H. (2016). Clothing behavior and attitudes of Indonesia consumers in their 20s ~ 30s toward Korean fashion brands. The Research Journal of the Costume Culture, Vol. 24(1). 67 -78.

- Neelofa's Instagram Main. (n.d.). Retrieved March 14, 2020, from https://www.instagram.com/neelofa/?hl=ko

- Noor Neelofa Mohd Noor. (2019, February 20). Retrieved February 26, 2020, from https://www. instagram.com/p/BuFUUZ9njHo/

- Park, H., Lee, M., Yum, H., Choi, K,. & Park, S. (2006). Contemporary fashion design. Seoul: Kyomoonsa.

- Petrilla, M. (2015, July 16). The next big untapped fashion market: Muslim women. Fortune. Retrieved August 10, 2019 from https://fortune.com/2015/07

- Presidential Committee on New Southern Policy. (2017). 새로운 세계 경제의 성장엔진 인도와 아세안 [New global economic growth engines India and ASEAN]. Retrieved December 17, 2019, from http://www. nsp.go.kr/national/national02Page.do

- Ryou, E., & Ahn, S. (2019). The effect of consumer characteristics on mobile fashion shopping -Focusing on market mavenship, innovativeness, purchase experience- Journal of Fashion Business, 23(1), 89-102. doi:10.12940/jfb.2019.23.1.89

- Seo, B. (2014). A comparative study on characteristics and aesthetic value of Asian traditional costumes −Emphasis on Buddhist, Hindu and Islamic costumes− Journal of the Korean Society of Costume, 64(6), 47−64. doi:10.7233/jksc.2014.64.6.047

- Seo, B., & Kim, M. (2008). A study on the beauty of the Islamic folk costume, affected by Islamism −Focusing on the Islam culture area in Southwest Asia− Journal of Korean Society of Clothing and Textiles, 32(5), 808−820. doi:10.5850/JKSCT.2008.32.5. 808

- Shin, H. (2012). The application and modification of costumes influenced by the spread of religion −Focused on the costumes of India and Indonesia by the influence of Islamic costumes− Journal of the Korean Society of Clothing and Textiles, 20(3), 392−402. doi:10.5850/JKSCT.2008.32.5.808

- Sports Hijab. (n.d.). Retrieved August 22, 2019, from http://www.bbc.com/culture/story/20180110−the−sports−hijab−dividing−opinions

- Tarlo, E., & Moors, A. (2013). Islamic fashion and anti−fashion: New perspectives from Europe and North America. NY: Bloomsbury.

- Uniqlo and Hana Tajima 2019 F/W. (n.d.). Retrieved January 22, 2020, from https://www.uniqlo.com/ hanatajima/lookbook/

- Verona. (2018). Retrieved December 22, 2019, from https://www.verona-collection.co.uk/

- Vivy Yusof. (2019, July 11). Retrieved February 26, 2020, from https://www.instagram.com/p/BzwjYl1 As76/

- Vivy Yusof. (2019, December 30). Retrieved December 22, 2019, from https://www.instagram.com/p/B6sxh Uxg1Vg/

- Vogue UK Magazine. (n.d.). Retrieved August 14, 2019, from https://www.

vogue.co.uk/article/may-cover-vogue-2018

- Wagner, W., Sen, R., Permanadeli, R., & Howarth, C. S. (2012). The veil and Muslim women's identity: Cultural pressures and resistance to stereotyping. Culture & Psychology, 18(4), 521-541. doi:10.1177 11354067X12456713

- Wikipedia. (n.d.). Malling. Retrieved December 22, 2019, from https:// ko.wikipedia.org/wiki/%EB%AA%B0%EB %A7%81

- Yang, S. (2005). Peculiarity of Southeast Asian Islamic society and corporate culture. Journal of Business Ethics, 10, 169-198.

- Yoon, J., Park, H., & Kan, H. (2016). A study on modern fashion applying the characteristics of the traditional architecture types in Southeast Asia. Journal of Fashion Business, 20(2), 46-58. doi:10.12940/ jfb.2016.20.2.46

- Yuna Zarai. (2019, July 18). Retrieved February 26, 2020, from https://www.instagram.com/p/B0B_vS- h1rE/

- Yuna Zarai. (2020, January 7). Retrieved January 8, 2020, from https://www.instagram.com/p/B7AVY Kpp4Ce/

- Zaskia Adya Mecca. (2019, August 2). Retrieved February 26, 2020, from https://www.instagram.com/ p/B0qEyTVHYFo/

- Zaskia Sungkar. (2019, May 29). Retrieved February 26, 2020, from https:// www.instagram.com/p/ByC51jABK Vv/

HIJABER
HIJABISTA